AF462154

Nota. Ce travail constitue l'Introduction de l'histoire naturelle générale des Mollusques, faisant partie des *Suites à Buffon* de l'éditeur Roret.

Le premier volume de l'ouvrage sur les Mollusques paraîtra d'ici à trois mois, chez Roret, 10 *bis*, rue Hautefeuille.

PARIS.—IMPRIMERIE DE FAIN ET THUNOT,
Rue Racine, 28, près de l'Odéon.

SUR LES PRINCIPES

DE LA

ZOOCLASSIE

OU DE LA

CLASSIFICATION DES ANIMAUX;

PAR M. H. DE BLAINVILLE.

PARIS.

—

JUILLET 1847.

INTRODUCTION.[1]

L'histoire des animaux, malgré l'ancienneté et l'intérêt de son étude, n'a pu jusqu'ici être considérée comme une *science*, parce que les faits de nature si diverse qui la constituent n'ont pas encore été ramenés à un principe qui puisse les dominer tous sans exception; d'où il est résulté qu'elle n'a pu être démontrée ni même enseignée d'une manière véritablement satisfaisante. Il est temps d'essayer de sortir de cet état fâcheux, qui nuit évidemment à ses progrès, et de faire voir qu'elle est réellement susceptible d'être élevée au rang de science autant et plus peut-être que l'astronomie, considérée comme le type des sciences d'observation. C'est du moins ce que nous allons tâcher de montrer.

Aussitôt que, par suite des longues et pénibles observations des astronomes, dirigées d'abord en vue de l'astrologie, puis de la géographie et de la navigation, mais jamais peut-être vers la véritable philosophie, il a été possible d'entrevoir le principe d'action qui devait permettre de connaître la forme, la masse, la position et la marche des corps planétaires dans l'espace, les géomètres ont pu s'éle-

(1) Quoique cette introduction ait réellement trait à la série animale tout entière, et que cet ouvrage soit exclusivement consacré au type des Malacozoaires, j'ai été pour ainsi dire forcé de commencer par elle, dans la crainte de n'être pas compris dans l'application de principes qui n'auraient pas été exposés.

ver à la co. ·eption et enfin à la démonstration plus ou moins appro ·ées du système du monde, tel qu'il a été établi par la puissance créatrice ; dès lors, ils sont parvenus, en aiguisant de plus en plus l'instrument analytique propre à l'emploi de ce principe, à déterminer non-seulement la position des planètes les unes par rapport aux autres, dans un moment présent, mais encore à prévoir ce qu'elle sera dans un temps futur donné, et même. en remontant dans le passé, à dire ce qu'elle aurait été à telle époque des siècles les plus reculés, en supposant il est vrai, ce qui n'est et ne peut être en bonne philosophie, que le monde soit éternel et immutable, ce que certains géomètres pensent cependant avoir, ou, peut-être mieux, s'être démontré. Quoi qu'il en soit, parvenue à ce point, l'astronomie a dû être considérée comme *science*, et même dans l'opinion vulgaire, aussi bien que dans celle de plusieurs genres de savants, elle est presque la seule qui mérite ce titre; ce qui se conçoit assez facilement.

En effet, de l'aveu de toutes les personne qui ont le plus et le mieux approfondi cette question :

Il n'y a pas et il ne peut pas y avoir de science sans principe.

Une masse de faits, quelque nombreux qu'ils soient, ne constitue pas une science, ces faits n'étant pas susceptibles d'être appréciés dans leur vérité ou dans leur fausseté, d'être jugés complets ou incomplets, d'être conçus, d'être prévus, d'être même enseignés, quoiqu'ils puissent fort bien être appris, lorsqu'ils ne sont pas subordonnés à un principe.

Plus, au contraire, une science est établie sur un principe, plus les anomalies, les apparences, ce qu'on nomme en termes généraux les exceptions, bien étudiées, sont venues confirmer la règle, et par conséquent ont disparu par suite d'un examen convenable (1).

Or, l'astronomie a un principe. Les faits qu'elle renferme peuvent être appréciés, jugés, conçus, prévus et enseignés d'après ce principe. Les apparences et les anomalies ont jusqu'ici été ramenées à la règle par l'emploi du principe.

L'astronomie est donc une science d'observation, et nous donne un exemple de ce qu'on doit entendre sous cette expression.

Les zoologistes ou les zoonomes, comme il serait plus convenable de les nommer avec Darwin, c'est-à-dire les physiciens qui étudient cet ensemble d'êtres et de phénomènes bien autrement admirables, quand on y regarde un moment, qui constitue les animaux vivants ou qui ont vécu sur le globe que nous habitons, ne peuvent-ils pas espérer d'atteindre ou d'obtenir un résultat analogue après les travaux nombreux qui ont été faits dans les différentes branches de la science des animaux et qui comprennent aussi bien leur forme que leur structure, aussi bien leurs fonctions que leurs actes, à tous les degrés de leur existence, aussi bien dans leur état normal qu'anormal? Sans doute que cela devait avoir lieu bien plus tard que pour l'astronomie, par la nature même des faits que la zoologie embrasse; mais enfin, l'esprit ne peut-il pas aujourd'hui élever, établir un système des animaux, comme il est parvenu à établir le système du monde, en faisant observer que celui-ci comprend nécessairement l'ensemble harmonique de tous les corps célestes agissant et réagissant les uns sur les autres, par leur masse, leur forme et leur position;

(1) C'est l'explication de l'anomalie apparente de la marche des comètes qui a donné au système du monde le degré le plus élevé de démonstration.

tandis que le système des animaux n'est et ne peut être qu'une série dans laquelle tous se rangent, se placent dans un tout autre ordre, sans doute, mais dans l'une comme dans l'autre de ces deux parties de la science humaine, suivant une loi déterminée par un principe. Seulement, le système des animaux est bien autrement compliqué que celui des corps célestes, bornés surtout à ceux de notre monde solaire, en ce qu'il comprend non-seulement la forme, qui même est autre que géométrique, mais encore la structure, la nature et la disposition de la matière pour former des organes, et bien plus, les fonctions de ces organes et les actes de ces animaux sur le monde extérieur, réagissant sur eux.

Dans l'une comme dans l'autre de ces sciences existe un principe qui doit être, et est en effet, unique et de nature également inconnue.

En astronomie, c'est la *pesanteur* ou la *gravitation.*

En zoonomie, c'est la *sensibilité* ou la *sensation.*

La gravitation est le principe; l'effet produit est le résultat d'une *propriété* générale, la *pesanteur*, inhérente à la matière et agissant suivant une loi susceptible d'être rigoureusement mesurée.

La sensibilité est le résultat d'une *faculté* ayant pour substratum une certaine matière de nature et de disposition particulières (système nerveux), faculté dont l'action est susceptible d'être appréciée, mais jamais rigoureusement mesurée.

La pesanteur en acte ou la gravitation est liée avec la *forme* des corps célestes qui entrent dans la composition de notre monde.

La sensibilité en acte entraîne et au moins coïncide avec une certaine *forme* dans les animaux, mais ne la produit pas.

La gravitation détermine ou maintient la *position* dans l'espace des corps célestes qui forment le monde; ce qui a fait supposer à certains physiciens que la masse des corps planétaires aurait été primitivement et originairement à l'état moléculaire.

La sensibilité en acte détermine la *position* d'un animal dans l'ensemble des êtres qui constituent le règne animal et nécessairement en fait une série.

La pesanteur en acte détermine la quantité, la direction et la persistance du mouvement des corps célestes, mais non sa production, pour laquelle il faut toujours avoir recours à la puissance créatrice initiale.

La sensibilité en acte détermine, par son alliance nécessaire avec l'irritabilité qui en est une conséquence immédiate et inhérente à un tissu particulier, la production immédiate et la direction intermittente du mouvement de tout ou partie de l'animal.

Ainsi, sous ces différents points de vue, le système du monde et le système des animaux, quoique marchant parallèlement, diffèrent d'une manière extrêmement tranchée en ce que :

La *forme*, nécessairement géométrique dans les corps célestes, ne l'est jamais et s'en éloigne de plus en plus dans les animaux, à mesure qu'ils le sont, pour ainsi dire, davantage, en se rapprochant de l'homme.

La *limite* dans les corps planétaires est indéfinie et dépendante du système ou des autres corps qui le constituent; dans les animaux, elle est définie et dépendante non des autres, mais de soi.

La *disposition* dans les premiers est nécessairement universelle, c'est-à-dire qu'ils sont groupés suivant les trois dimensions, et cependant dans une certaine harmonie, comme l'ont présumé Descartes et Kant, et au contraire nécessairement dans une série linéaire pour les animaux.

Le *mouvement* est nécessairement communiqué dans les corps célestes et suivant des lois uniformes; et au contraire spontanées dans les animaux et suivant des règles de moins en moins rigoureuses et de moins en moins susceptibles d'être calculées.

D'après cela, il est évident que si l'exposition du système du monde a dû comprendre :

1° *L'étude apparente des corps célestes;*

2° *Celle de leurs mouvements réels;*

3° *L'établissement des lois des mouvements;*

4° *La théorie de la pesanteur universelle;*

c'est-à-dire, que si l'on a dû suivre la marche de l'invention, comme l'a fait M. de Laplace, nous pouvons mieux faire, ce me semble, en suivant une marche contraire, c'est-à-dire en posant le principe et en lisant, pour ainsi dire, le règne animal d'après ce principe, en démontrant que les animaux ont dû être créés nécessairement par la puissance divine d'après ce principe, ce qui constitue la série animale démontrée *à priori*, ce qu'elle a été en effet, comme on peut le démontrer en la lisant, c'est-à-dire *à posteriori*.

Mais, avant de commencer cette lecture et d'exposer les moyens à l'aide desquels elle peut être faite, nous croyons d'une grande importance et même de toute nécessité, de bien nous expliquer sur ce qu'on doit entendre par série animale, sur ce que c'est et ce que ce n'est pas; sans quoi elle pourrait être niée ou acceptée sans savoir pourquoi. C'est même, j'en suis certain, parce que les zoologistes ne se sont pas bien expliqués ou ne se sont pas compris, qu'il y a encore tant d'opinions diverses parmi eux à ce sujet. Les uns acceptent rigoureusement le *Natura non facit saltum*, tandis que d'autres le nient formellement; les uns voient dans l'ensemble du règne animal un réseau, une carte de géographie ; ceux-ci, des embranchements ; ceux-là une série double ; quelques-uns enfin, une représentation, un symbole du monde, un œuf ayant ses deux pôles. Il en est même un certain nombre qui, confondant la série animale avec ce qu'on nomme les systèmes, les méthodes zoologiques, pensent qu'il peut y avoir autant de séries que de systèmes, et pour ainsi dire au gré de chacun ; tandis qu'il ne peut en exister qu'une, comme il n'y a qu'une seule loi de la chute des graves, qu'un seul système du monde, qu'une seule conception de ce monde et des êtres qu'il renferme, qu'une seule intelligence qui a conçu et exécuté, comme il n'existe qu'une seule philosophie identique avec la seule véritable religion : celle-ci étant la philosophie *à priori*, comme révélée de Dieu, et la philosophie, la religion chrétienne *à posteriori*, déduite de la nature de l'homme et de ses rapports nécessaires avec les créatures et le Créateur : la première ne demandant qu'une foi vive et pratique, facile à toute âme pure, tandis que la seconde exige un travail incessant, et cela dans toutes les branches des connaissances humaines. Aussi la philosophie vraie et la religion vraie se servent de preuve l'une à l'autre, comme les deux grandes règles de l'arithmétique ont chacune deux formes qui les constituent ; ce qui est la confirmation de l'observation, si souvent citée, de Bacon : si une connaissance superficielle de la philosophie conduit quelquefois à l'athéisme, une connaissance plus approfondie ramène à la religion. Mais pour sentir ces importantes vérités, il faut, à défaut de la foi, que la science en général, et chaque science en particulier, soit envisagée d'une toute autre manière qu'on ne l'a fait assez généralement jusqu'ici, et alors la valeur de chaque branche des connaissances humaines sera tout autrement appréciée.

Par exemple, pour rentrer plus immédiatement dans notre sujet, lorsque l'on considère la science des animaux en elle-même, intrinsèquement, c'est-à-dire sans la considérer comme un des éléments les plus importants de la philosophie, on est presque étonné des encouragements qu'elle a reçus et qu'elle reçoit encore tous les jours, des immenses collections qu'elle demande et qu'elle entretient à grands frais, aussi bien que des efforts incessants que tant d'hommes éminents ont faits depuis Aristote jusqu'à nous pour hâter ses progrès; et même, pour le dire en passant, c'est en l'envisageant sous ce point de vue limité que l'on peut s'expliquer l'espèce de répugnance que d'autres hommes éprouvent pour cette partie des connaissances humaines, et du peu de secours qu'ils sont enclins à lui porter, ainsi qu'on en a des exemples récents, lorsque la puissance de faire est tombée de chute en chute dans les mains de rhéteurs et de sophistes sans conviction.

Mais aussitôt qu'on envisage les sciences de l'organisation dans leurs rapports avec l'ensemble des connaissances humaines, et surtout avec leur terme, leur but, qui est et ne peut être que la philosophie, c'est-à-dire la religion, base unique de la société, combien alors l'idée qu'on s'en était faite doit changer avec le point de vue! En effet, qui ne voit alors que ce sont elles qui, loin de n'être qu'un accessoire auquel certains esprits daignent à peine accorder quelques heures de la jeunesse, sont la base, le fondement de la philosophie, de cette philosophie qui enseigne les devoirs sans jamais parler des droits; que ce sont elles qui démontrent l'existence de Dieu de la manière la plus évidente, la plus irréfragable, puisque ce sont elles seules qui peuvent atteindre à la connaissance de l'homme dans toute sa nature, aussi bien par ce qu'il est que par ce qu'il n'est pas, sans lesquelles le métaphysicien le plus profond, l'idéologue le plus lumineux, le moraliste le plus pur, le légiste le plus perspicace. l'administrateur le plus habile, sont exposés à manquer complétement le but qu'ils se proposent pour le mieux être de l'homme social.

Voyez en effet quel rang élevé cette science si importante occupe dans le cercle des connaissances humaines. Appartenant à la nombreuse catégorie des sciences d'observations, elle demande impérieusement d'abord l'emploi et le perfectionnement de deux des parties les plus essentielles de la logique ou des sciences préliminaires, la *méthode* et la *nomenclature*; on peut même assurer, comme l'a justement reconnu M. Auguste Comte, que ce sont elles qui ont déterminé le progrès de ces instruments de l'intelligence, comme c'est l'astronomie qui a voulu ceux de l'instrument mathématique, d'après la règle que l'instrument s'aiguise proportionnellement à la finesse, à la profondeur du travail qu'on veut lui faire opérer ou exécuter.

Mais ce n'est pas tout, les corps vivants animaux ne peuvent pas vivre sans rapports nécessaires avec le monde extérieur, sans y puiser et sans lui rendre des matériaux de nature différente; bien plus, par un enchaînement remarquable, il faut que la matière, avant d'entrer dans leur constitution propre, ait passé dans celle d'un être vivant, végétal ou animal, en sorte que la science de l'organisation s'étend nécessairement, se greffe, pour ainsi dire, sur celles de la physique et de la chimie, en se rattachant de plus près encore à la phytologie dont elle est, au fait, une branche sortie du même tronc, si même celle-ci n'en est pas les premiers linéaments.

Mais ce en quoi la science des animaux est encore plus élevée, plus absolument nécessaire à la philosophie, c'est qu'elle touche immédiatement à la science de l'homme;

et bien plus, celle-ci ne peut atteindre à la démonstration dont elle est susceptible que par la science des animaux : l'une sans l'autre reste incomplète, ou mieux, incompréhensible : celle-ci, sans utilité proportionnelle à ses énormes difficultés presque matérielles, celle-là, sans démonstration réelle et suffisante. L'homme ne peut être connu dans sa véritable nature que par la connaissance de ce qu'il est et de ce qu'il n'est pas (1), c'est-à-dire par une comparaison efficace avec celle des animaux et réciproquement.

Ainsi la science des animaux conçue dans sa véritable essence est la base de celle de l'homme ; mais pour cela, il faut qu'elle-même soit et puisse être élevée à cet état, je puis dire à cette dignité, pour employer une belle expression de Bacon.

Nous avons déjà eu l'occasion de faire observer que le système du règne animal ne pourrait exister, ne pourrait être établi, s'il n'y avait pas série animale, c'est-à-dire s'il n'y avait pas *ordre* et *raison* de cet ordre. Voyons donc un peu ce que c'est que cette série, comment elle doit être acceptée, par qui elle l'a été, par qui elle a été niée, pourquoi elle l'a été. Essayons de réfuter les objections qu'on lui a opposées, et de démontrer son existence *à priori;* après quoi il nous sera facile, à ce que nous espérons, de la démontrer *à posteriori :* ce qui ne sera rien autre chose que de faire l'exposition des principes du système des animaux, sujet qui doit nous occuper exclusivement dans cet ouvrage, et qui n'est, au fond, que la *série animale* rendue susceptible d'être lue par un artifice de l'intelligence, qui, d'un nombre limité, mais suffisant de faits, permet de conclure à la généralité.

---

(1) On ne saurait, a dit Bacon, connaître la nature d'une chose dans la chose même.

Nous définissons la série animale l'ordre dans lequel l'organisation considérée d'une manière abstraite, c'est-à-dire l'organisme (pour employer une expression reçue), s'accroît, se complique dans sa forme générale, dans ses tissus ou éléments anatomiques, dans ses organes, dans ses fonctions, et surtout dans ses actes sur le monde extérieur, et passe ainsi, par degrés plus ou moins inégaux, plus ou moins serrés, et sous un certain nombre de types distincts, de l'animal le plus rapproché des plantes, à celui qui en est le plus éloigné, par conséquent le plus voisin de l'homme.

En effet, le règne animal est l'ensemble des êtres organisés compris entre les végétaux et l'homme.

Ce qu'on peut rendre d'une manière plus brève, en disant que c'est la série des formes sous lesquelles la matière organisée agit sur le monde extérieur, dont elle a préalablement senti l'action.

D'après les termes mêmes de cette définition, il est aisé de voir que cette série, telle que nous la concevons, ne peut être comparée ni à une série logarithmique entre les termes de laquelle il est possible d'introduire autant d'autres termes que l'on voudra, chacun d'eux ayant la même différence dans tous les degrés de la série, qui, par conséquent et par cela seul, sont insensibles; ni une série arithmétique dans laquelle la différence entre les termes est un nombre déterminé et le même indéfiniment, et où par conséquent les termes, devenus plus ou moins sensibles suivant la raison, s'augmentent graduellement d'une quantité toujours la même; ni une série géométrique où c'est la même chose, si ce n'est que la différence est un quotient; rien de tout cela ne se peut rencontrer dans la série animale, dont chacun des termes est un être animal, c'est-à-dire un certain composé d'organes, affectant une forme et une étendue déterminées, sentant et agissant d'une manière également déterminée sur le monde extérieur.

Cette série contient bien sa *raison ;* cette raison repose bien sur l'intensité, mais la différence ne peut être exprimée par un nombre : c'est un plus ou moins dans la faculté par laquelle seule un organisme est constitué animal, et qui concorde dans cet organisme avec une forme, des tissus, des organes, et, par suite, des fonctions et des actes en rapport avec le degré de la faculté; ce qui n'en constitue pas moins une série : seulement le degré dans la différence en plus ou en moins n'est pas nécessairement le même dans tous les points de la série. Les circonstances biologiques dans lesquelles les espèces animales devaient vivre ont en effet exercé une influence puissante sur les particularités de la série, de manière à la voiler, à la dissimuler aux yeux de ceux qui n'ont pas pu, ou n'ont pas voulu approfondir le sujet.

D'où l'on voit que cette conception, telle que je viens de la définir, n'entraîne pas nécessairement le *natura non facit saltum*, comme plusieurs zoologistes ont paru le croire, non plus qu'un fil continu ou un tissu très-serré, ainsi qu'Hermann lui-même le fait justement observer.

Quoique jusqu'ici peut-être il eût été assez difficile de donner une véritable démonstration de cette série en philosophie, on peut cependant trouver une forte présomption de son existence, en voyant qu'elle a été acceptée et reconnue d'une manière plus ou moins complète par tous les naturalistes qui se sont élevés à une conception philosophique, et par les philosophes eux-mêmes.

Déjà nous pourrions la voir indiquée d'une manière qui doit laisser peu de doutes aux bons esprits, dans ce fameux verset du livre *de la Sagesse : Omnia in mensurâ*, *numero et pondere* (*Deus*) *disposuisti* (*Sapient.*, XI, 21) : car les animaux font évidemment partie de toutes ces choses, et qui peut mieux exprimer une disposition sériale, c'est-à-dire un ordre soumis à une raison, que le nombre, le poids et la mesure? Mais malgré les connaissances variées que l'on accorde généralement à Salomon, et que dénotent si hautement plusieurs des ouvrages qui lui sont attribués, on peut croire que c'était *à priori*, et par une idée convenable de Dieu, que le grand roi juif s'était élevé jusqu'à cette expression si remarquable. C'est ce que l'on peut dire également de Pythagore, et même de Platon, qui a contracté ce verset d'une manière si belle par ces mots : *Deus assiduus est geometres;* mais chez Aristote, mais chez Galien, il est évident que c'est *à posteriori* que ces deux grands génies sont arrivés à admettre la série animale ; c'est par suite de la connaissance des causes finales, nécessitant une intelligence créatrice. En effet, quand Aristote dit : « La nature passe des animés aux inanimés d'une manière continue au moyen d'êtres qui vivent, mais qui ne sont pas des animaux ; de telle sorte que chacun paraît fort peu différent de son voisin, à cause de leur proximité, » on voit qu'il avait parfaitement l'idée de la série : non pas, il est vrai, de celle qu'enseignaient les sectateurs du Portique, qui admettaient une espèce de sympathie, de lien qui unissait les êtres; de telle sorte que si un chaînon venait à manquer, tout devait être détruit, la raison d'existence de chaque être étant d'abord en soi, et, de plus, dans le lien intime avec ses voisins ; mais de celle que les philosophes chrétiens vont commencer à mettre en évidence, quoique sans démonstration.

C'est à l'évêque Nemesius qu'en appartient la gloire, quoique les exemples sur lesquels il s'appuie se ressentent des erreurs de son temps(1). Après avoir dit en effet que le créateur paraissait avoir disposé les natures les plus disparates, de manière à ce que tout ce qui est créé ait ses parents et son nid, il ajoute : Ainsi ne diffèrent pas beaucoup les êtres qui sont inanimés des plantes qui ont une âme nutritive et non plus celles-ci des êtres irrationnels et sentants, ni ceux-ci de ceux qui jouissent de la raison ; tous sont liés par un lien naturel ; ainsi, on ne passe pas subitement des plantes aux animaux qui sentent et jouissent de la faculté de se mouvoir, mais graduellement et peu à peu. Les Pinnes et les Orties de mer sont comme des arbres sentants ; en effet, suivant lui, elles sont fixées dans la mer par des racines à la manière des plantes, et la coquille est comme leur enveloppe ligneuse.

Albert le Grand, connaissant un bien plus grand nombre d'êtres que les anciens, dut commencer à apercevoir quelques détails véritables dans cette série : ainsi, par exemple, chez les Singes.

Par la même raison, elle fut encore bien mieux formulée par Gesner, lorsqu'il a dit(2) : *Ergo fuerint gradus aliqui naturæ, post inanimata corpora media quædam forte sequuntur tertia animata ut plantæ. In plantarum fine, zoophytorum initio, Spongiæ sunt primo proprie dictæ dein Aplysiæ, Pulmones, Holothuria, Tethys ac*

---

(1) La série des êtres créés et les degrés de perfection d'être dans la création ont été métaphysiquement démontrés par presque tous les pères et docteurs de l'Église et entre autres par saint Augustin et saint Thomas.

(2) Ainsi furent établis plusieurs degrés dans la nature ; certains êtres animés sont suivis d'êtres également animés, mais intermédiaires, comme les plantes. A la fin des zoophytes sont d'abord les Éponges proprement dites ; puis les Aphysies, les Poumons de mer (Méduses), les Holothuries, les Téthyes et beaucoup d'autres zoophytes à peine plus parfaits que les autres, jusqu'aux Conques (bivalves), qui surpassent les Limaçons.

multa deinceps zoophyta alia, fere aliis perfectiora, usque ad Conchas quas superant Conchyliæ. (*De Spongiis.*)

Nieremberg, le premier qui nous ait fait connaître à quel haut degré était élevé l'enseignement de la philosophie dans la célèbre institution des jésuites, devient encore plus formel, parce qu'il devrait être plus dogmatique. Ainsi, dans le chap. I de son liv. 3, où il traite des degrés de la nature sensitive, après ce passage (1) : *Ima linea, materia informis est; inde si insurgamus, simplicia corpora sunt, mox meteora, deinde metalla, postea lapides: classis ista inanimis est. Altius deinde surgit ad vivida et interna officiosa vigore; stirpes sunt istæ herbæ, frutices, arbores. Tertia deinde cohors apprehendentium et jam expergefactæ vitalitatis, bestiæ sunt, volucres, pisces.*

Quartus ordo ratiocinantium est : hunc solum occupat majestas humana.

Quintus proximusque divinis intellectualium est mentium.

Nieremberg ajoute, chap. 3 (2) : *Itaque gradus sententiis*

---

(1) « Au commencement de la ligne la matière est informe. En montant, sont les corps simples, puis les météores, les métaux et ensuite les pierres; ce qui constitue la classe des êtres inanimés.

» Plus haut elle s'élève à des corps vivants par le secours d'une organisation interne, comme sont les plantes, et parmi elles les herbes, les arbrisseaux et les arbres.

» La troisième classe enfin comprend ceux qui jouissent d'une vitalité animée, comme sont les Quadrupèdes, les Oiseaux et les Poissons.

» Le quatrième degré est celui des êtres raisonnables, que forme seule la majesté humaine.

» Et le cinquième, le plus rapproché de la Divinité, comprend les intelligences. »

(2) « Le degré des êtres qui sentent est lui-même subdivisé en gradules, formés, les uns par des animaux doués de sens nombreux et plus élevés, les autres d'un moins grand nombre et plus obtus; en sorte que

naturæ in suos quoque distributus est gradulos. Quædam animalia pluribus et præstantioribus ditata sunt sensibus, quædam paucioribus et hebetioribus contenta. Scilicet per contextum natura assurgit paulatim et sine saltu, velut continua procedit trama, lento mitique conspatiatur tenore. Nullus hiatus, nulla fractio, nulla dispersio formarum, invicem connexæ sunt, velut annulus annulo.

Mais ici il est aisé de voir que Nieremberg n'étant encore qu'assez peu retenu par les faits, va beaucoup trop loin; aussi cette conception de la série n'a-t-elle pas été adoptée dans tous ces points, peut-être aussi parce qu'on en a forcé l'explication.

L'expression par laquelle Nieremberg termine le second passage que nous venons de citer, a sans doute donné lieu à l'expression de chaîne des êtres qu'on rencontre dans quelques philosophes du seizième siècle; mais celle d'échelle (*scala naturæ*) me semble avoir été employée pour la première fois par N. Grew, dans la préface du catalogue du muséum de Grasham, où jugeant avec raison que les animaux doivent être rangés d'après le degré de leur rapprochement de l'homme et de leurs rapports entre eux, il termine en disant que la véritable échelle des êtres est un sujet de haute spéculation.

Monro, dans l'introduction de son petit traité d'Anatomie comparée (1744), a bien accepté la chaîne admirable qui unit tous les êtres de la nature, et par conséquent les animaux, au point qu'il a pu dire que la gradation entre les espèces est tellement nuancée, que le passage d'une

---

dans sa marche la nature s'élève peu à peu et sans ressauts; procédant par une trame continue, elle se partage d'une manière lente et douce, sans hiatus, sans solution de continuité, sans séparation de formes, qui sont liées entre elles comme un anneau à un anneau. »

classe à l'autre est presque imperceptible; mais la preuve qu'il en donne, en regardant les Chauves-souris et les Écureuils comme ayant le droit d'être mis au nombre des Oiseaux, montre que ce célèbre anatomiste était assez loin d'avoir une idée convenable de ce qu'il acceptait sans doute d'instinct plutôt que de démonstration.

C'est également cette même manière de voir qui détermina probablement encore les deux naturalistes qui se sont le plus occupés de cette question vers le milieu du dix-huitième siècle : savoir Bradley, dans son Essai philosophique sur les œuvres de la nature (en anglais, Londres, 1739); et Bonnet lui-même dans le tableau publié à la fin de son traité d'Insectologie en 1745, et développé dans la Contemplation de la nature en 1764. En effet, l'exécution qu'ils tentèrent montre également d'une manière évidente que, si l'idée était bonne *à priori*, du moins en la bornant et en ne l'étendant pas au delà des animaux, le nombre des faits connus alors était encore bien loin d'être suffisant pour qu'il fût possible d'en tenter la mise en œuvre ; puisque dans l'état de leurs connaissances, c'est toujours la modification locomotrice voulue pour le séjour qui détermine les passages. L'Orang-outang, en tête immédiatement après l'Homme, et les Mammifères volants à la fin, en contact avec les Oiseaux; parmi ceux-ci, ceux qui ne volent pas à la tête comme plus voisins des Mammifères, et, à la fin, les Oiseaux aquatiques pour faire le passage aux Poissons; chez ceux-ci, à la tête, les Poissons volants comme plus rapprochés des Oiseaux, et enfin les Poissons serpentants, comme l'Anguille, pour passer aux Serpents, que suivent les Limaces qui rampent, puis les Colimaçons, puis les Testacés, de manière qu'en faisant suivre ceux-ci par les Serpules, on passe aux Insectes, aux Tænias, et la série finit par les Polypes et les Méduses que touchent immédiate-

ment les Sensitives. Celles-ci commencent les plantes, terminées par les Lichens et les Champignons qui, en leur intercalant les Coraux et les Lithophytes, semblent passer fort naturellement aux Pierres, ce qui n'était cependant que spécieux.

Comme on le voit, et quoique l'échelle des êtres de Bonnet, en la bornant aux êtres naturels ou tangibles, fût réellement une sorte de tour de force qui demandait une assez grande sagacité, elle portait tellement à faux, qu'elle produisit un effet contraire à celui que son auteur en attendait.

On en eut la preuve dans la célèbre introduction à l'*Elenchus zoophytorum* de Pallas, en 1766. En effet, ce célèbre naturaliste, celui même auquel la véritable série animale doit peut-être le plus grand nombre d'éléments de soutien et de démonstration, aima mieux se ranger à l'opinion de Donati qui, quelques années auparavant (1), avait proposé de voir dans le règne animal, non pas une chaîne, une série continue, mais un réseau, à quoi Pallas préfère cependant et avec grande raison, pour tout le système des corps organisés, l'image d'un arbre de la racine duquel naîtraient aussitôt, par les animaux et les végétaux les plus simples, deux troncs, l'un animal et l'autre végétal. Du premier par les Mollusques on passerait aux Poissons, et de là, par un rameau sorti d'entre eux, jusqu'aux Amphibies; enfin il se terminerait par les Quadrupèdes, fournissant au-dessous d'eux un rameau latéral pour les Oiseaux. Dès lors, les corps bruts ne feraient pas suite aux corps organisés, mais leur serviraient de sol ou de support, et l'on pourrait, ajoute-

(1) En 1750, dans son *Saggio della Storia nat. dell' Adriatico*, cap. 4.

t-il, indiquer les genres par les ramuscules qui s'élèveraient des branches et réunir leur affinités par leur coalition latérale.

Tout cela, comme on le voit, formerait un schema fort analogue à celui des embranchements de M. G. Cuvier; mais ce qui est réellement très-éloigné de la conception de la série animale que nous allons voir, en effet, par une fatalité singulière, être d'autant plus repoussée que les matériaux qui devaient la prouver, devenaient plus nombreux et plus convenablement élaborés.

Nous pouvons cependant encore invoquer en sa faveur un certain nombre de naturalistes, et entre autres Linné qui, dans la préface de sa *Fauna Suecica* dit (1): *Sin autem animalia invicem contuleris, diversos perfectiores gradus in illis itidem deprehendes. In censum hinc veniunt, Vermes*(2), *Insecta, Pisces, Amphibia, Aves, Quadrupeda;* et ce qui prouve que ce grand homme avait véritablement déjà senti le fond de la question, c'est ce qu'il ajoute pour expliquer sa pensée (3): *Aranea est octipes, totidemque instructa oculis; cum non nisi binos et pedes et oculos habeat Gallina, verum tamen hæc illâ nobilior est. Et enim perfectius judicandum quod paucioribus instrumentis multa efficere possit quam quod majori apparatu vix tantumdem peragere valeat.*

(1) « Si vous comparez ensemble les animaux, vous reconnaîtrez parmi eux différents degrés de perfection; ainsi viennent successivement les Vers, les Insectes, les Poissons, les Amphibies, les Oiseaux et les Quadrupèdes. »

(2) Sous le nom de *Vermes*, Linné comprenait tous les animaux mollusques binaires et radiaires.

(3) « L'Araignée a huit pieds, et elle est pourvue du même nombre d'yeux, tandis que la Poule n'a que deux pieds et deux yeux, et cependant celle-ci est plus élevée que celle-là, parce qu'il faut regarder l'être qui peut faire beaucoup avec un petit nombre d'instruments, aussi bien que celui qui fait moins avec un plus grand appareil. »

Cette dernière phrase contient en effet une réflexion qui donne la raison des faits que le philosophe avait d'abord entrevus, mais que l'expérience d'un homme de génie pouvait seule exprimer d'une manière applicable.

Toutefois sa haute valeur ne pouvait pas alors être sentie et encore moins mise en œuvre. Il fallait en effet auparavant que les naturalistes se fussent occupés sérieusement de l'emploi de la méthode naturelle dans la classification des êtres; et c'est à quoi ils furent, pour ainsi dire, exclusivement occupés pendant la seconde moitié du dernier siècle, d'abord en phytologie, puis en zoologie, et plus tard encore en minéralogie.

Pendant tout ce temps, cependant, la grande question de l'enchaînement des êtres fut encore de temps en temps reprise, surtout par les philosophes; mais il est juste de faire observer que l'idée de réseau, de carte de géographie ayant prévalu, ce que l'on conçoit après l'exemple de Pallas, elle fut exposée avec plus ou moins de développement par Buffon, par exemple, et qu'enfin on la vit développée, d'après ce que celui-ci avait en partie exprimé, sous la forme de tableau, surtout par Hermann, dans un ouvrage fort célèbre, quoique pleinement à faux, intitulé: *de Affinitatibus animalium*, publié en 1784, ouvrage auquel on peut joindre celui de Berthout de Berchem, sur les quadrupèdes, car c'est d'après les mêmes idées qu'il a été exécuté.

Ces essais, dans l'exécution d'une idée que Thomas (Correspond., t. VII, p. 231) proclamait comme l'une des plus sublimes qui ont pu entrer dans la tête d'un être aussi faible que l'homme, mais que Voltaire (Questions sur l'Encyclopédie, art. *Chaîne des êtres créés*) tendait à ridiculiser d'une manière si ridicule, comme tout ce que cet esprit certainement satanique ne comprenait pas (1), n'étaient véritablement pas faits pour convaincre des naturalistes aussi positifs que Blumenbach; en effet, ce zoologiste distingué rejeta la série, la chaîne animale, aussi bien, il est vrai, que le réseau, la carte de géographie, comme pouvant tout au plus servir à faciliter l'intelligence de l'histoire de la nature (2); mais comme n'existant réellement pas; aussi essaye-t-il de lui opposer des objections sur lesquelles nous devons revenir plus tard en les réfutant, ce qui nous sera, j'espère, très-facile.

Quoi qu'il en soit, si l'existence de la série animale après avoir été admise *à priori* ou de sentiment, puis à posteriori par une observation incomplète, mais dans un système de philosophie émanée de la religion chrétienne, avait éprouvé de grandes oppositions de la part des observateurs eux-mêmes et des plus éclairés, parce qu'ils n'en avaient senti ni la nature, ni la portée, comme nous allons le montrer dans un moment, l'extension donnée aux systèmes de philosophie atomistique et panthéistique conduisit nécessairement leurs plus illustres fauteurs à soutenir de nouveau l'existence de la série animale.

C'est ce que nous trouvons d'abord dans la philosophie zoologique de M. de Lamarck, ouvrage dont je suis fort éloigné d'admettre les doctrines, mais qui, de l'aveu de tous les hommes en état de le juger, peut être considéré comme un ouvrage de première force, quoique peu prôné par les éclectiques. Or, M. de Lamarck dit positivement d'abord, t. I, p. 106, que l'idée de réticulation qui a paru sublime à quelques modernes, est évidemment

(1) On doit même faire observer qu'il frappe sur les opinions des stoïciens, en s'en prenant à Platon, qui n'était cependant pour rien dans cette affaire.

(2) Cela se conçoit pour une série, mais pour un réseau, une carte de géographie, cela est plus difficile à admettre, ce me semble.

une erreur, que la nature a réellement formé une véritable échelle relativement à la composition croissante de l'organisation ; et ensuite, ce qui est assez singulier, suivant nous, dans l'opinion de M. de Lamarck, que cette échelle n'offre des degrés saisissables que dans les masses principales qui la composent, et non dans celles des espèces, ni même toujours dans celles des genres ; ainsi, pour M. de Lamarck, au lieu que les espèces puissent être rangées, comme les masses, en une série unique, simple et linéaire sous la forme d'une échelle régulièrement graduée, ces mêmes espèces forment souvent, autour des masses dont elles font partie, des ramifications latérales, dont les extrémités sont des points isolés. Manière de voir qui semble et qui est en effet en contradiction manifeste avec la première, et qui tient, comme nous le verrons, à ce que M. de Lamarck ne reconnaissait pas d'espèces fixes.

Nous devons encore faire observer que dans le système de philosophie qui a fait revivre celui des stoïciens, en acceptant que le monde est lui-même Dieu, et par conséquent éternel, impérissable, dont les espèces animales sont des parties qui répètent le tout, l'idée de la série animale est encore plus rigoureusement acceptée, et cela non-seulement dans les masses, mais jusqu'aux espèces qui se répètent en même nombre dans chaque genre, comme les genres dans les familles, celles-ci dans les ordres, ceux-ci dans les classes. C'est ce que M. Oken a exposé de la manière la plus complète dans une esquisse du système des êtres, publiée à Paris en 1823.

Ainsi, comme l'on voit, tous les systèmes de philosophie autres même que celui du christianisme, ont admis la conception de la série animale, comprise ou non dans la série des êtres créés ; seulement il faut convenir qu'ils ont souvent été fort loin de la pouvoir formuler, et surtout de la pouvoir démontrer, soit parce que ses jalons n'étaient pas encore assez nombreux pour qu'elle se dessinât nettement à leurs yeux, soit qu'ils ne se missent pas dans le point de vue convenable pour l'apercevoir.

Quoi qu'il en soit, on voit aisément que, pour la leur démontrer, il ne s'agissait que d'attendre qu'on eût recueilli un nombre suffisant de materiaux ou de faits; car dans la philosophie qui reconnaît une puissance intelligente comme créatrice, il ne s'agissait, pour ainsi dire, que d'invoquer les règles de la logique; pour celle qui reconnaît dans la nature même la puissance qui a déterminé les lois qui la régissent, il fallait nécessairement l'admettre pour les corps organisés aussi bien que pour les corps bruts; et enfin il ne pouvait pas en être autrement pour le système de philosophie qui voit dans tout ce qui existe un tout régulièrement organisé : ses parties doivent l'être comme le tout.

Mais aussitôt que la science de l'organisation n'était plus considérée comme faisant partie des trois systèmes de philosophie les seuls possibles, l'existence de la série animale devait être niée, purement et simplement par les Pyrrhoniens qui ne pouvaient l'accepter, puisqu'ils doutent de tout, ainsi qu'ils se flattent de le croire; par les Nihilistes, s'il y en a, encore mieux, cela est évident; mais les Eclectiques ne devaient pas se borner à la nier, ils devaient donner les raisons de leur négation; parce que dans ce prétendu système de philosophie, qui consiste tout simplement à accepter son opinion, sa manière de voir individuelle, ce qu'on appelle choisir ce qui paraît meilleur, dans telle circonstance et dans tel sentiment où l'on se trouve, on doit toujours en donner ce qu'on est convenu d'appeler les raisons. C'est ce qui constitue les objections à l'existence de la série animale. Sans nous arrêter à chercher à qui elles sont dues primitivement, à Buffon, à Blumenbach, à M. G. Cuvier ou à tout autre, nous allons les exposer les unes après les autres en prenant d'abord celles de Blumenbach, puis celles de M. G. Cuvier, qui semble les avoir toutes réunies. Et nous les réfuterons au fur et à mesure que nous les aurons rapportées; mais après avoir rappelé préalablement qu'elles ont été faites ou bien par des philosophes qui n'en sont réellement pas, parce que leur principe est de n'en avoir pas, ou bien par des zoologistes incomplets, soit naturellement, soit volontairement, c'est-à-dire, parce qu'ils ne pouvaient ou ne voulaient pas s'élever à cette conception.

Les premières objections à la série animale qui aient été formulées par un véritable zoologiste, sont, ce me semble, dues à M. Blumenbach; nous allons donc commencer par elles, quoiqu'elles soient moins importantes et surtout moins nettement exprimées que celles qui ont été proposées depuis.

« D'un côté, dit Blumenbach, on voit une quantité de » créatures d'une configuration semblable former des » genres très-étendus, où les espèces sont sans nombre, » surtout parmi les insectes et les vers; tandis que dans » d'autres elles sont, pour ainsi dire, isolées, parce qu'à » cause de leur conformation distincte et toute particu- » lière, elles ne peuvent être intercalées sans contrainte » dans la chaîne: tels sont par exemple la classe des oi- » seaux parmi les vertébrés, le genre des Sèches parmi les » vers, et parmi les mammifères l'espèce humaine elle- » même. »

A la première objection, nous avons déjà répondu dans la définition que nous avons donnée de la série animale, telle que nous la reconnaissons et la démontrons; les espèces qui la forment ne sont pas en série de degrés égaux : il y en a plus dans certains endroits que dans d'autres, ce qui tient évidemment à des lois harmoniques dans l'ensemble de la création; mais tout cela n'empêche pas qu'elles forment une série, quoique plus serrée dans un point que dans un autre. La classe des Oiseaux est parfaitement bien à la tête des Ostéozoaires ovipares, où elle constitue une classe très-naturelle, intercalée aux Ornithorhynques, derniers des Mammifères, et aux Chélonées, premiers des Reptiles. Le genre des Sèches n'est pas moins bien à la tête des Vers mollusques, constituant le premier degré d'un type distinct.

Quant à l'espèce humaine, elle est hors de cause, hors de la série animale créée pour elle, en l'envisageant dans sa véritable nature. Mais, même en ne la considérant que dans sa nature animale seulement, comment peut-on dire avec Blumenbach, qu'en la mettant à la tête, on ne satisfait pas à l'ordre sérial? Existe-t-il un animal qui puisse être considéré comme lui étant supérieur, à moins qu'on ne range la force physique avant la force intellectuelle? Et en preuve, qui donc diminue tous les jours le nombre des animaux, quelque forts qu'ils soient, à la surface de la terre, si ce n'est l'homme?

De plus, ajoute le célèbre professeur de Goëttingue, *il existe des animaux, les Gallinsectes, par exemple, parmi lesquels les mâles ont une figure si différente de celle des femelles que, dans une échelle animale, telle qu'on l'admet, il faudrait absolument les séparer et leur assigner des places différentes.*

Sans doute qu'ici Blumenbach fait allusion à ce que dans ce genre, les mâles sont ailés, tandis que les femelles ne le sont pas ; en sorte que pour lui, le mâle est un Névroptère, et la femelle est un Aptère. Dans la rigueur du système entomologique fondé sur la considération des ailes, il est évident que cette objection peut paraître spécieuse; mais d'abord, dans la série animale, les unités sont les espèces tout entières et non les individus, ni même les sexes; ensuite, qui ne voit qu'il ne s'agit pas ici d'une méthode systématique, qui plus ou moins artificielle peut en être très-différente, et qu'alors le fait objecté n'est autre chose qu'une de ces anomalies déterminées par quelque particularité biologique sans influence sur l'ensemble, et par conséquent sur le degré réel de l'organisation?

En outre l'échelle est brisée en plusieurs endroits et il n'est pas aisé de sauter d'un échelon à l'autre.

Ici Blumenbach, à l'appui de cette objection, cite la distance entre les corps organisés et les minéraux, ce qui sort de notre thèse, qui n'embrasse réellement que les corps organisés, et surtout les animaux, et par conséquent l'échelle animale et non l'échelle des êtres, que nous ne soutenons pas ou que nous soutenons tout autrement que ne l'a fait Bonnet.

Mais une idée plus déraisonnable encore et tout à fait sans fondement, suivant notre auteur, *c'est celle des physiciens théologiens, qui pensent que si un chaînon de cette chaîne venait malheureusement à manquer, la création se trouverait pour ainsi dire arrêtée dans sa marche.* A quoi il oppose avec raison la destruction d'espèces entières d'animaux disparues, soit d'un pays entier, ce qui ne signifierait pas grand'chose, soit de la surface de la terre entière, ce qui est bien plus probant, comme il est arrivé pour le Dodo (*Didus ineptus*), qu'il cite avec raison.

Quoi qu'il en soit, cette thèse appartient à la philosophie panthéistique et nullement à la philosophie chrétienne, et par conséquent ne nous regarde pas. L'ordre de la création n'est pas nécessairement celui de la destruction; l'une, produit direct, immédiat, de la volonté, de la toute-puissance de Dieu; l'autre, résultat des lois générales qu'il a imposées à la nature.

Enfin, Blumenbach termine ses objections, qui, comme on le voit, ne sont nullement victorieuses, quoiqu'il les ait à peu près reproduites sans changements dans l'épître dédicatoire à J. Banks de son célèbre traité *de Generis humani varietatum naturâ*, en 1795, par une assertion qu'il importe encore davantage de ne pas laisser passer sans la relever.

Après avoir reconnu une certaine utilité dans ces images de chaînes, de réseaux, comme pouvant faciliter l'intelligence de l'histoire de la nature, ce qui n'est pas déjà très-exact, mais ce qui prouve qu'il confond la série animale avec un système quelconque du règne animal, il ajoute : *Mais vouloir faire entrer ces images métaphoriques, comme plusieurs physico-théologiens l'ont déjà fait, dans le plan de la création de la Providence ; vouloir chercher la perfection et l'ordre de cette création dans cette progression graduelle des êtres, en prétendant qu'il n'y a pas de sauts dans la nature; non-seulement cela me paraît une témérité, mais, de plus, je ne crois pas cette idée soutenable, quand on l'examine attentivement.*

Nous montrerons, je l'espère, que non-seulement la série animale est une idée soutenable, et qu'elle est parfaitement vraie, limitée au règne animal et peut-être même étendue au règne végétal quand on l'examine attentivement; mais ce que nous devons relever de toute notre force, c'est la première partie de cette tirade de Blumenbach. Quoi! chercher à lire l'ordre et la loi suivant lesquels l'Intelligence infinie a créé les êtres pourrait être considéré comme une *témérité*? Ne serait-ce pas plutôt une *impiété* de penser que le grand Géomètre a pu faire autrement et n'a pas agi ainsi *cum pondere et mensura?* Et il n'y a pas plus de témérité, ce me semble, à essayer de lire cette grande page de ses œuvres, qu'il n'y en a eu à lire la loi de la chute des graves, au moyen du pendule préalablement inventé.

M. G. Cuvier ne pouvait pas suivre Blumenbach aussi loin ; mais, en adoptant la plupart de ses objections, il a pu les formuler d'une manière plus nette et en ajouter un assez grand nombre d'autres.

Voici ces objections que je copie textuellement d'un article *Nature*, inséré par M. G. Cuvier, dans le t. XXXIV du Dictionnaire des sciences naturelles, publié en 1825.

1° *Toutes les combinaisons d'organes ne sont pas possibles.*

Qu'entend-t-on par là? Non, certainement, toutes les combinaisons d'organes ne sont pas possibles, et pour nous surtout, puisqu'une espèce animale est quelque chose de défini aussi bien dans sa forme que dans son organisation, aussi bien dans ses fonctions que dans ses actes.

Mais en quoi cela touche-t-il la série animale?

2° *Il y a des organes et des parties rudimentaires.*

Cela est parfaitement vrai, et il y a longtemps que Galien l'a reconnu; mais c'est justement une des preuves les plus fortes en faveur de l'existence de la série dans chaque type. Sans cela quelle raison en donner, puisque ces rudiments ne peuvent servir à rien de l'usage des organes dont ils tiennent la place?

3° *Il y a des hiatus ou lacunes en certains endroits de la série.*

Qu'est-ce que l'on veut dire par là? Qui en doute? Entre les types, cela ne peut pas être autrement ; car dans chacun c'est un autre plan d'organisation, quoique chacun soit inférieur à celui qui le précède et déterminé par une dégradation dans les éléments de l'animalité.

Est-ce dans chaque type? Cela est, et nous pouvons répondre que cela tient à ce que nous ne connaissons pas toutes les espèces, ou bien à ce qu'un certain nombre a déjà disparu de la surface du globe; mais nous pouvons rappeler en outre que pour nous la série animale n'est ni arithmétique, ni géométrique, et par conséquent n'est pas nécessairement égale dans tous ses points.

4° *Ces hiatus, depuis qu'ils ont été observés, n'ont pas été comblés ou remplis.*

Cette assertion est évidemment et indubitablement fausse, et cela pour presque toutes les classes du même type; ainsi, par exemple, entre les Mammifères et les Oiseaux, les Ornithorhynques et les Échidnés, entre les Oiseaux et les Reptiles, les Tortues; entre les Amphibiens et les Poissons, les Protées, les Lépidosirènes, et cela sans parler des fossiles qui, par une singularité fort remarquable, quoique très-naturelle, viennent presque toujours remplir une lacune importante, le Plésiosaure entre les Tortues et les Crocodiles, l'Ichthyosaure entre les Reptiles et les Amphibiens. C'est ce que j'ai démontré depuis longtemps et ce que je démontre encore tous les jours; aussi vois-je avec plaisir que M. de Humboldt l'a accepté dans ces passages: « Dans le règne animal comme dans le règne végétal, des formes organiques restées isolées ont été liées par des chaînons intermédiaires, par des formes ou types de transition. (*Cosmos*, p. 38.) » Et plus loin :

« La découverte des restes fossiles offre aux zoologistes un nombre considérable d'espèces et de genres éteints ayant des rapports importants avec les formes animales et végétales existantes et remplissant souvent les jalons qui jusqu'ici paraissaient manquer dans cette grande chaîne où tous les êtres organisés sont établis dans une série de connexions rapprochées et graduelles. »

5° *Il n'y a, par exemple, pas d'intermédiaire entre les oiseaux et les autres classes?*

C'est justement pour cette classe avant et après, comme il vient d'être dit, que les intermédiaires sont les plus évidents : l'Ornithorhynque du côté des Mammifères, et le Ptérodactyle et les Tortues du côté des Reptiles.

Si vous ne voulez pas les voir, les reconnaître, en essayant même de les dissimuler dans votre système de zoologie, ce n'est pas la faute de la série, mais bien celle de votre manière de voir.

6° *Il n'y en a pas davantage entre les vertébrés et les invertébrés.*

Cela est certain, quoiqu'on l'ait souvent admis et qu'on ait longtemps classé les Myxinés parmi les Vers, les Amphioxus parmi les Limaces; mais s'il n'y en a pas, c'est qu'il ne doit pas y en avoir, puisque ce sont des animaux de types différents; cela n'empêche pas que les types ne soient eux-mêmes dans une série de dégradation comme toutes les espèces qui constituent chacun d'eux.

7° *Les lois de coexistence des organes, celles de leur exclusion réciproque paraissent en contradiction avec l'idée de la série animale.*

Ceci est moins clair et par cela seulement semble moins facile à réfuter; mais au fait, autant qu'on peut comprendre quelque chose à une objection en termes aussi généraux et sans exemple à l'appui, cela n'est nullement vrai, en limitant l'observation aux animaux d'un même type; mais il faut avoir grand soin de bien connaître la véritable signification des organes et de leurs parties; ainsi, l'appareil respiratoire chez les animaux vertébrés se compose de trois parties, l'une gutturale vasculaire, l'autre thoracique vasculaire aérienne, et enfin une troisième abdominale aérienne. Jamais elles n'existent à la fois au même degré de développement et leur exclusion réciproque est au contraire un indice manifeste de la série.

Il en est de même dans le type des animaux articulés, et également pour les organes de la respiration, qui, toujours en connexion avec les appendices locomoteurs, peuvent être des trachées, des ailes ou des branchies; il peut y avoir des trachées sans ailes, mais jamais des ailes sans trachées ni des branchies avec des ailes ou avec des trachées.

8° *Un grand changement dans un organe en produit dans tous les autres.*

C'est encore une de ces objections restées à l'état d'énonciation vague et qu'on n'appuie sur aucun exemple. Sans doute que cela est généralement vrai, si c'est dans le même appareil ; mais qu'est-ce que cela prouve contre la série animale ? De ce qu'un Cétacé est un Mammifère organisé pour exercer toutes ses fonctions et ses actes dans l'eau, ce qui a exigé une profonde modification dans ses appareils sensorial et locomoteur, en quoi cela touche-t-il son organisation de mammifère? Un même degré d'organisation ne peut-il pas être modifié pour chercher sa nourriture, par exemple, dans des milieux différents, sans que les espèces qui le forment cessent d'appartenir au même point de la série?

Si dans cette objection vous avez considéré le système nerveux, le principe véritable, la raison de la série animale, cela est parfaitement vrai ; mais c'est justement ce qui la démontre.

9° *On ne peut concevoir un être qui, avec de certaines exigences, ne posséderait pas les organes propres à les satisfaire.*

Que peut faire cette assertion, que l'on pourrait presque

qualifier d'être par trop simple, tant elle est vraie, contre l'existence de la série animale ?

Aussi qui ne voit qu'elle n'est véritablement pas portée contre celle-ci, mais contre une étiologie de sa production, telle qu'elle est admise par la philosophie atomistique ou épicurienne et proposée par M. de Lamarck, mais que nous sommes fort éloigné d'accepter en philosophie chrétienne et même en philosophie quelconque.

10° *Un être intermédiaire ou de passage ne peut se concevoir.*

Je vous en demande bien pardon : cela peut si bien se concevoir que cela est, et même dans toutes les classes, dans tous les points de la série.

Peut-on nier que l'Ornithorhynque n'ait, avec les caractères essentiels de Mammifères, plusieurs de ceux des Oiseaux ou du moins des Vertébrés ovipares ?

Peut-on nier que les Chauves-souris avec les principaux caractères des Carnassiers n'aient conservé plusieurs de ceux des Primates qui les précèdent ?

Peut-on nier que les Eléphants n'offrent des caractères de Pachydermes et des caractères de Rongeurs ?

Contestez-vous que les Chéloniens qui commencent la classe des Reptiles aient conservé le bec des Oiseaux et même quelque chose de leurs ailes, comparez une nageoire de Chélonée avec une aile de Manchot.

Les Crocodiles sont-ils ou non intermédiaires aux Trionyx qui sont les dernières des Tortues et aux Sauriens. Voyez la famille des Scinques se dégrader pour ainsi dire par nuances, des espèces les plus quadrupèdes à celles qui sont complétement apodes : chacune d'elles est évidemment un passage.

Les Geckos ne sont-ils pas dans le même cas, lorsqu'on

envisage leur principal caractère, la particularité de leurs doigts?

N'en est-il pas de même des Salamandres aux Protées, aux Sirènes, aux Lépidosirènes?

Les dernières espèces de Gades du G. Phycis de Schneider ne passent-elles pas aux Blennies?

L'Esturgeon, parmi les Poissons, ne vous offre-t-il pas un passage évident des Poissons subosseux aux cartilagineux qui finissent par être membraneux comme les Myxinés et les Amphioxus?

Dans le type des Entomozoaires ou des animaux articulés, n'y a-t-il pas à tout instant de véritables passages? Que sont les Forficules entre les Coléoptères et les Orthoptères; les Leptes entre les Pediculus et les Acarus; les Phrynés entre les Scorpions et les Araignées; les Limules entre celles-ci et les Crustacés, et tant d'autres qu'il serait presque fastidieux d'énumérer dans tout le reste de ce type?

Prenez celui des Malacozoaires, et examinez entre les Sèches et les Calmars; entre les Limaces et les Hélices; entre les Aplysies et les Bulles; entre les Fissurelles et les Émarginules; entre les Peignes et les Limes; entre les Térébratules et les Orbicules; entre les Anodontes et les Unios; entre les Pholades et les Tarets; entre les Gastrochènes et les Fistulanes; entre les Ascidies et les Mamillaires.

Dans le type des Actinozoaires, étudiez les Holothuries, les Oursins, les Astéries, les Madrépores et les Pennatules, jusqu'aux Alcyons, et vous serez étonné qu'un zoologiste ait pu dire qu'un passage ne se conçoit pas. Au reste, tout notre ouvrage sera, je l'espère, une démonstration *à posteriori* que si les espèces sont fixes, limitées, ce qui est indubitable, elles constituent une série d'êtres qui passent de l'une à l'autre, c'est-à-dire dont l'organisation se simplifie ou se complique dans un ordre, mais non pas dans un degré déterminé.

11° *On ne peut pas concevoir le monde actuel privé d'une ou plusieurs classes des êtres qui l'habitent, pas plus que l'homme privé d'un ou de plusieurs de ses systèmes d'organes.*

Mais d'abord la comparaison est complétement fausse : tous les organes de l'homme ne lui sont pas nécessaires au même degré, mais tous le constituent tel ; tandis que le monde n'étant pas un tout animal, on peut parfaitement le concevoir privé de telle ou telle espèce qui n'est pas une de ses parties intrinsèques ; et la preuve, c'est qu'il y a indubitablement un grand nombre d'espèces perdues ou éteintes, et que le monde n'en existe pas moins.

Cette objection porte donc encore sur une manière de voir, admise dans un système de philosophie, celui des Panthéistes, des Stoïciens, qui regardent le monde comme un individu organisé ; mais dans la philosophie chrétienne les espèces animales sont sériales, quoique non solidaires les unes des autres. Dieu les a nécessairement créées suivant un plan, et par conséquent dans un ordre et dans une certaine harmonie, quoique à la fois par un ou plusieurs actes de sa volonté ; mais il ne s'ensuit pas que la fin, le terme de la vie des êtres créés soient nécessairement compris dans ce plan ; c'est-à-dire qu'ils doivent cesser de vivre au même moment en suivant l'ordre de leur création. Plusieurs causes, mais surtout l'homme et son libre arbitre, sont là pour hâter ou retarder la disparition des espèces sans qu'il y ait d'autre ordre que celui de sa volonté en apparence, mais encore au fond soumise aux décrets de la Providence.

Depuis que ces objections ont été proposées contre

l'existence de la série animale, il n'en a guère été ajouté d'autres que celle qui porte sur la non-existence des espèces, opinion qui avait été acceptée par M. de Lamarck (1), malgré son adoption de la série animale, ce qui est une véritable contradiction. En effet, supposer qu'un ensemble de circonstances, en agissant sur un organisme déterminé, créé pour des circonstances qui ne l'étaient pas moins, puisse arriver à changer une espèce, à la transformer, c'était évidemment nier l'existence de la série animale. Au reste, ce que supposait M. de Lamarck n'a jamais été prouvé, et ce qui l'a été sans exception, c'est qu'un animal auquel on retire les conditions de l'existence pour lesquelles il a été créé, ne se modifie pas, mais souffre et périt plus ou moins rapidement; ce qui montre évidemment qu'en continuant l'expérience sur tous les individus qui constituent cette espèce, vous la détruirez, et voilà tout.

On n'a pas prouvé davantage que le rapprochement accidentel et constamment en domesticité, de deux individus de sexes différents de deux espèces le plus voisines possible, ait donné lieu à des espèces qui se soient continuées avec des caractérés intermédiaires aux deux espèces accouplées. Si la propagation a eu lieu, comme nous le voyons, surtout dans les cages de nos ménageries, les produits sont revenus à l'une ou à l'autre de celles-ci, et cela après un fort petit nombre de générations.

Ainsi, autant qu'une chose peut l'être, il doit être prouvé, et par conséquent rester hors de doute pour les personnes qui savent suivre un raisonnement, que toutes

(1) A l'égard des produits de la nature, tous sont variétés les uns des autres, ce que constate partout l'observation des avoisinants. (Hist. nat. des A. s. V., VII, p. 245.)

les objections qu'on a cru pouvoir opposer à l'existence de la série animale, ne tenaient qu'à ce que, n'étant pas définie ce qu'elle est réellement, on lui opposait des objections qui atteignaient la série des êtres en général et non pas elle en particulier, ou bien qui ne touchaient qu'à sa forme, ou encore qui ne paraissaient la toucher elle-même que parce qu'on ne comparait pas des choses comparables, par exemple, en voulant que la série animale soit la même chose qu'un système quelconque du règne animal, ou enfin, parce que certains jalons n'étaient pas connus, ou étaient mal appréciés, n'étant pas mis à leur véritable place.

M. G. Cuvier a cependant encore dit en 1828, Hist. nat. des Poissons, tom. 1, p. 568 et 569 : « Que l'on n'imagine donc point que, parce que nous placerons un genre » ou une famille avant une autre, nous les considérons » précisément comme plus parfaits, comme supérieurs à » cet autre dans le système des êtres. Celui-là seulement » pourrait avoir cette prétention, qui poursuivrait le pro- » jet chimérique de ranger les êtres sur une seule ligne, » et c'est un projet auquel nous avons depuis longtemps » renoncé. Plus nous avons fait de progrès dans l'étude » de la nature, plus nous nous sommes convaincu que » cette idée est l'une des plus fausses en histoire naturelle, » plus nous avons reconnu qu'il est nécessaire de considé- » rer chaque être, chaque groupe d'êtres en lui-même et » dans le rôle qu'il joue par ses propriétés et son organi- » sation, de ne faire abstraction d'aucun de ses rapports, » d'aucun des liens qui le rattachent, soit aux êtres les » plus voisins, soit à ceux qui sont le plus éloignés. »

En ajoutant encore le paragraphe suivant, dans lequel on trouve ces mots, assez singuliers par eux-mêmes :

La véritable méthode voit chaque être au milieu de tous les autres;

Ce qui serait au fait assez peu méthodique; mais ce qui démontre que M. G. Cuvier semble n'avoir véritablement jamais compris ce que c'est qu'une méthode dans la classification des êtres, comme en effet tous ses ouvrages grands et petits l'ont prouvé; mais au reste, dans ces passages, il n'y a plus que des assertions gratuites, basées sur une conviction propre, acquise ou obtenue par des progrès dans l'étude de la nature, je le veux bien, mais sans appui énoncé, sans raisons formulées et par conséquent sans preuves, et dès lors sans consistance et sans valeur scientifique, en un mot descendue à n'être plus qu'une opinion personnelle. C'est ici, sous une autre forme sans doute, la manière de raisonner de ces hommes qui, se croyant exempts de donner des raisons bonnes ou mauvaises, quand ils n'en trouvent pas, prononcent le *sic volo, sic jubeo. sit pro ratione voluntas;* ce qui, en bonne philosophie, n'a jamais été considéré comme une raison. Ainsi donc, M. G. Cuvier, à la fin de sa carrière, en ne parlant plus que de sa conviction, a montré, ce me semble, qu'il abandonnait comme invalides les objections qu'il avait anciennement opposées à l'existence de la série animale.

Voyons donc maintenant à donner la démonstration de cette série limitée à ce qu'elle a été définie plus haut, et à ce qu'elle est réellement, d'abord *à priori* et ensuite *à posteriori.*

On peut arriver à la démonstration de la série animale *à priori* par trois voies différentes, en apparence du moins:

1° Par la conception d'un système véritable de philosophie;

2° Par la connaissance de la nature de l'homme et de son intelligence;

3° Par la conception convenable de la nature de Dieu.

Prenons à part chacune de ces preuves.

Lorsqu'on approfondit d'une manière suffisante la grande question des systèmes de philosophie, on arrive aisément à la conviction et à la démonstration qu'il n'y en a réellement que trois, parce qu'il n'y en a que trois de possibles.

Un système de philosophie ne peut être considéré comme tel et complet, que lorsqu'il embrasse l'homme dans toute sa nature physique, intellectuelle, morale ou religieuse, ce qui est tout un, ce qui comprend nécessairement dans leurs rapports le ***Macrocosme*** ou le monde, le ***Microcosme*** qui est l'homme, et le créateur des deux, c'est-à-dire ***Dieu***.

Or il n'y a que trois systèmes de philosophie qui, complets ou incomplets, puissent prétendre à ce titre quoiqu'à des degrés très-différents.

Celui dans lequel le macrocosme comme le microcosme, c'est-à-dire tout ce qui existe, le monde et l'homme, se sont formés par les seules forces de la nature, c'est-à-dire par leurs propres forces, comme cet homme fantastique qui se soulève en se prenant par les cheveux, agissant sur des éléments incorruptibles, insécables, existant par eux-mêmes de toute éternité, indifférents à toute espèce d'assemblages et de formes, au repos comme au mouvement, et s'entretenant ainsi dans le temps et dans l'espace, l'un et l'autre infinis; dans un mouvement perpétuel de composition et de décomposition, de formes et de combinaisons, sous l'influence seule du hasard ou des circonstances fortuites.

Dans ce système, qui n'admet ni dieu ni providence, où l'homme n'est retenu dans les bornes du devoir à tous égards, que par la volupté, le plaisir qu'il peut éprouver à le remplir, les causes finales sont cependant sensibles, acceptées et reconnues; mais au lieu de descendre de l'organisation créée pour les circonstances, elles remontent de celles-ci à celle-là; c'est la continuation de circonstances semblables qui a produit les organes chez les animaux, et par suite les animaux eux-mêmes, et cela à la suite d'essais nombreux ou de transformations successives du plus simple au plus composé. D'où l'on voit comment ces animaux ou assemblages d'organes affectant une forme déterminée provenant de l'action continue des circonstances dans lesquelles, par conséquent, ils doivent agir, sinon changer, devront former une série de degrés proportionnels aux circonstances productrices ou modificatrices, à partir d'un point de départ dont l'origine est le hasard.

Nous avons vu qu'en effet c'était l'opinion de M. de Lamarck, le philosophe naturaliste qui a poussé le plus loin possible l'explication du système du Monadisme, quoiqu'il ne soit peut-être pas rigoureusement logicien, en ce qu'il n'admet la série animale tout au plus que jusqu'aux genres, et non pour les espèces; ce qui est assez bien comme si dans la série arithmétique des nombres on admettait les dizaines, les centaines, etc., sans reconnaître les unités dont elles se composent. Cependant il est évident que, dans son système de philosophie, plus peut-être que dans tout autre, ce sont nécessairement les espèces qui ont dû être les unités de la série, les plus immédiatement produites.

Au reste, dans les ramifications latérales dont les extrémités sont des points isolés qui forment les espèces autour des masses dont seule se compose la série animale, suivant M. de Lamarck, ne peut-on pas voir ce que j'ai nommé les anomalies biologiques d'un degré d'organisation? Et alors la série, suivant M. de Lamarck lui-même, atteindrait jusqu'aux espèces, comme elle le doit, logiquement parlant.

Le second système de philosophie qui ait eu la prétention de mériter ce nom est le Panthéisme poussé autant qu'il était susceptible de l'être, ainsi qu'il l'a été par M. Oken.

Dans ce système, le monde est un être vivant, un tout, un corps organisé, composé de parties qui en représentent le développement ou qui en répètent le principe.

Les éléments étant le feu, l'air, l'eau et la terre, les corps qu'ils ont produits par leur influence réciproque n'ont pu constituer que quatre règnes dans tout le monde ou toute la nature, suivant qu'ils sont composés d'un, de deux, de trois, ou de quatre de ces éléments.

Le plus élevé, celui des animaux, qui les réunit tous, et que M. Oken définit un corps végétal qui joint aux organes des trois premiers éléments les parties du quatrième, c'est-à-dire du feu, est nécessairement subdivisé en quatre degrés, puis en autant de classes qu'il y a d'organes, et chacune d'elles en autant d'ordres que le système d'organes qu'elles représentent a de parties. Le nombre des tribus de chaque ordre est également déterminé d'une manière fixe dans chacun d'eux, ainsi que celui de ses genres; en sorte que dans ce système la série animale est rigoureusement déterminée par le même principe d'une extrémité à l'autre, sans interruption et sans que cela pût être autrement.

Nous n'avons pas en ce moment à juger ce système, et comment il se lie à celui des Stoïciens qui admettaient un tel enchaînement des êtres, une telle nécessité rigoureuse dans leurs rapports, qu'un anneau détruit, tout se détraquait nécessairement, ce qui entraînait la domination rigoureuse du destin, et non plus du hasard même, comme dans le Monadisme ; il nous suffirait de démontrer que ce système poussé jusque dans les détails de la connaissance des êtres naturels, admettait l'existence de la série animale de la manière la plus rigoureuse *à priori*, sauf à la démontrer, dans ce système, ce qui est tout autre chose, et ce qui eût été le plus difficile.

Le système de philosophie, qui reconnaît l'existence de Dieu *à priori* ou *à posteriori*, en admettant par conséquent la théorie des causes finales, ne pouvait, même sans s'élever à toutes les conséquences de cette grande conception, ce qui n'a pu avoir lieu que dans la philosophie chrétienne, faire autrement que de reconnaître la série animale, sans cependant pouvoir encore s'en rendre compte, et la prouver, et même en la poussant au delà de la vérité, de la réalité, comme Platon, ou bien déjà par suite d'études, d'examens positifs, comme Aristote. Que ce philosophe ait attribué la création à une force divine, ou à la nature (*Physis*), pourvu qu'il la reconnût en dehors des êtres produits, comme ayant agi avec but, avec finalité, la conception de la série animale devait rigoureusement en sortir, aussitôt que cette philosophie serait parvenue à son apogée, dans la philosophie chrétienne, et que les matériaux seraient suffisants pour en donner une démonstration que demandent les besoins de la société humaine.

Toujours est-il que dans les trois seuls systèmes de philosophie autour desquels tournera éternellement l'esprit humain, l'athéisme, le panthéisme et le théisme, aussitôt que se présente la question de l'ordre des êtres animaux, qu'ils soient des produits autochtones de la matière, qu'ils soient des parties d'un tout vivant organique, ou qu'ils soient enfin le produit de la volonté d'une puissance infinie dans sa force comme dans son intelligence, en dehors de la matière, il est évident que la conception de la série animale a dû être et a été admise, *à priori*, je le veux bien, et seulement comme une conséquence du système de philosophie adopté; mais enfin elle a été sentie et reconnue.

Je dois maintenant montrer que la connaissance de la véritable nature de l'homme conduit absolument au même résultat.

L'homme, de l'aveu de tous les philosophes qui ont un peu réfléchi sur le grand sujet de la nature humaine, est indubitablement une intelligence servie par des organes, et non pas servante de ses organes, comme cela a été dit quelquefois; une intelligence non productrice, quoique modificatrice jusqu'à un point quelquefois admirable, mais évidemment conceptrice (1), quand ce ne serait que dans ce dernier but; car comment modifier, dans son intérêt propre, ce qu'on ne conçoit pas?

Or une puissance conceptrice demande nécessairement, invinciblement un objet, une chose intelligible ou susceptible d'être comprise, d'être conçue.

Et pour qu'une chose à comprendre soit elle-même susceptible d'être comprise, il faut nécessairement qu'elle soit intelligible, c'est-à-dire ordonnée d'après un principe.

Donc le monde et ses parties, ou ce qui constitue le macroscome, doivent nécessairement être dans ce cas, puisque c'est là que se trouvent les conditions de l'existence de la vie physique, intellectuelle et morale de l'homme. Aussi Hegel a-t-il pu dire que le monde est la logique rendue visible.

(1) C'est-à-dire susceptible de conception pour employer la périphrase admise dans nos dictionnaires.

Rien alors dans le monde n'est sans cause efficiente, n'est dû au hasard ; ce qui avait fait dire au grand Descartes que les étoiles si innombrables qui brillent au firmament sont disposées dans un ordre que nous ne connaissons pas, mais qui n'en est pas moins réel.

Nous devons en conclure que les animaux, qui font partie de la terre que nous habitons, sont encore mieux dans ce cas, comme étant dans un contact plus immédiat avec nous, et en effet dans des rapports d'utilité de toutes sortes, c'est-à-dire aussi bien religieuses que physiques ; donc les animaux qui existent et ceux qui ont existé, sans avoir encore en ce moment recours à la nature de la puissance créatrice, qui n'a pu évidemment créer autrement que d'après sa nature, sont dans un ordre déterminé par un principe tiré de la leur, et susceptible d'être lu par l'intelligence humaine.

Le besoin instinctif de l'homme le porte de sentiment à la conception de tous les êtres en harmonie avec lui, comme celui de l'animal le pousse à les sentir, pour *agir* ou ponr éviter de *pâtir* à leur égard.

Mais si l'universabilité des êtres a été créée pour lui ou du moins en harmonie avec lui, il est évident qu'il a dû pouvoir la comprendre par son intelligence.

En effet, comme nous sommes bien aise de le répéter, une intelligence conceptrice demande une chose intelligible ou susceptible d'être comprise, une chose qui ne soit en rien due au hasard, et qui par conséquent soit soumise à des lois.

Il y a donc dans le monde en totalité et dans chacune de ses parties un ordre et des lois qui les régissent.

Conséquence à laquelle nous allons être conduits par la conception de la nature de Dieu, aussi loin que nous pouvons l'atteindre, seulement avec la différence immense qui existe entre une intelligence créatrice et l'intelligence conceptrice ; ce qui a fait dire à Aristote, comparant Dieu et l'homme, que Dieu voit les choses dans leur ordre naturel et essentiel des causes aux effets, tandis que l'homme les voit dans un ordre inverse en remontant des effets aux causes.

L'existence de la série animale est encore mieux démontrée *à priori* par l'idée de Dieu dans la philosophie théiste, mais surtout dans la philosophie chrétienne qui en est l'apogée, au point de pouvoir, dans les opinions les plus opposées, être regardée comme révélée de Dieu même.

En effet, comme créateur du ciel et de la terre, c'est-à-dire de tout ce qui est matière, corps et phénomènes ;

Comme puissance sans limites, aussi bien en pouvoir qu'en intelligence, qui a pu tout ce qu'elle a conçu, tout ce qu'elle a voulu, sauf le mal et l'erreur qui ne peuvent venir de Dieu ;

Qui dès lors a tout pesé, tout mesuré, tout ordonné, suivant des lois qui devaient pouvoir être lues par l'homme; puisque le monde a été créé par Dieu pour l'homme, et l'homme lui-même à son image, c'est-à-dire susceptible de le concevoir par ses œuvres.

Or une intelligence créatrice n'a pu créer que suivant sa nature, et par conséquent suivant un *ordre* et dans une *harmonie* saisissable par l'intelligence humaine (1):

---

(1) La découverte, parmi les restes, les reliques de ces créations éteintes, de jalons qui manquaient dans le système actuel de la nature organique, a fourni à la théologie naturelle un argument important, en prouvant l'unité et la puissance universelle d'une grande cause unique; puisque chaque individualité, dans une série uniforme et très-serrée, se montre ainsi comme une partie intégrante d'un grand dessin original. (W. Buckland, Geolog. theolog, p. 114)

D'où les lois du système du monde;

Les lois de la chute des graves à la surface de la terre;

Les lois de la matière, c'est-à-dire la forme: la disposition dans l'espace;

L'impulsion ou le mouvement dans la nature en général, ou dans la matière conçue abstractivement des corps qu'elle constitue, et encore mieux dans la matière limitée dans l'espace, soit dans les corps bruts ou minéraux, soit dans les corps organisés, végétaux et animaux, le chef-d'œuvre de la création après l'homme, qui en a été le terme et le but.

Ainsi donc, qu'on se laisse diriger par la considération des systèmes de philosophie, par la connaissance de la véritable nature de l'homme, ou par celle qu'il nous est possible d'acquérir sur la nature de Dieu, on est conduit logiquement à la conclusion rigoureuse que les animaux existent formés suivant un ordre et dans une harmonie saisissable par l'intelligence, ce qui constitue ce que nous avons défini sous le nom de *série animale*, que nous devons maintenant démontrer *à posteriori*.

C'est cette démonstration de la série animale *à posteriori* qui constitue ce que nous désignons par l'expression de *Système du règne animal*, et que nous avons comparé, au commencement de cette introduction, au système du monde pour les astronomes.

Nous avons défini ce que c'est que la série animale, nous n'avons pas besoin d'y revenir; mais nous devons bien nous expliquer sur ce que nous entendons par *Système du règne animal*.

En général, on entend ou du moins l'on doit entendre par système d'une science, l'ensemble des faits connus ou prévus, passés ou présents qui la constituent, disposés, contractés par suite de l'emploi rationnel du principe qui les régit, de manière à en faciliter la conception et la démonstration, au moyen de procédés empruntés aux sciences préliminaires, logiques, mathématiques ou graphiques.

Ainsi, pour la science des animaux c'est la série animale, comprenant aussi bien les espèces fossiles que les espèces vivantes, réduite, contractée, en un mot presque daguerréotypée d'après le principe qui la détermine, c'est-à-dire la sensibilité, aux moyens de quatre parties de la logique :

1° La méthode particulière, connue sous le nom de ***Méthode naturelle;***

2° La *Nomenclature rationnelle;*

3° La *Description relative* ou *scientifique;*

4° L'*Iconographie scientifique.*

De même que la science des planètes ou des astres, est devenue le système du monde, lorsque s'appuyant sur la loi de la chute des graves lue par Galilée, de la pesanteur de l'air par Torricelli, du mouvement elliptique des planètes par Képler, Newton en ayant découvert le principe ou la raison dans la pesanteur universelle qu'il nomma *attraction* ou *gravitation*, on a pu le formuler à l'aide de procédés mathématiques sous la loi de la raison directe de la masse et inverse du carré des distances.

De même que la science des minéraux est devenue système de minéralogie lorsque s'appuyant sur la composition chimique, le plus souvent traduite par la forme cristalline, et devenue principe, on a pu, par l'emploi d'une méthode plus ou moins naturelle, la réduire en formules susceptibles d'une nomenclature rationnelle.

De même que la science des végétaux, basée sur le double principe de la structure et de la reproductibilité, reconnue comme principe dominateur, a pu ou peut être (si cela n'est pas encore fait) établie en un système de phytologie par l'emploi d'une méthode naturelle, d'une nomenclature rationnelle.

De même enfin que la science de l'homme a pu devenir système d'anthropologie en appuyant sur le principe qui régit la rationabilité ou le libre arbitre, tout ce qui tient à sa triple nature d'être animal, intellectuel, moral ou religieux.

Mais pour en revenir à notre sujet, comment traduire la série animale, que nous devons démontrer *à posteriori*, en système du règne animal dont le principe est la sensibilité ?

A l'aide d'un procédé logique extrêmement simple.

Une série étant un ordre, cet ordre, qui dans les animaux doit comprendre la forme, la structure, les fonctions et les actes, doit avoir une *raison*.

Mais la raison d'un ordre naturel doit être nécessairement tirée de ce qui constitue, caractérise essentiellement les êtres qui y sont soumis.

Dans la série animale, il est donc évident que ce ne peut être que l'*animalité* qui en devient le principe.

Mais l'animalité repose sur la *sensibilité*, que suit comme conséquence rigoureuse la *locomotilité*, comprises avec raison l'une et l'autre sous le nom de *facultés animales*.

Ainsi la raison, le principe de la série animale, porte exclusivement sur le degré en plus ou en moins de ces deux facultés ; car elle ne peut être de nombres, ni de proportions, ni de rapports, tandis qu'un être sera évidemment plus ou moins animal, suivant qu'il sentira et se mouvra plus ou moins.

Or ces deux facultés ont pour *substrata*, l'une le *système nerveux*, l'autre le *système musculaire* ou *contractile*.

Ainsi le degré en plus ou en moins, aussi bien en distinction qu'en quantité, de ces deux systèmes organiques, suffirait pour déterminer la place d'un animal dans la série ; ce qui ne donne encore, il est vrai, qu'un moyen anatomique.

Mais ce système nerveux, *substratum* de la sensibilité, est inévitablement lié à des organes chargés de donner lieu à la spécialisation de cette sensibilité, suivant les qualités de la matière, et de la convertir en actes.

Or ces organes sont nécessairement périphériques, c'est-à-dire plus ou moins extérieurs et superficiels ; car la sensibilité ne peut être mise en jeu médiatement ou immédiatement que par l'action du monde extérieur.

Ils appartiennent donc à l'enveloppe de l'animal qui n'est, pour ainsi dire, qu'un végétal vêtu, habillé de la partie animale, et dont ils deviennent un perfectionnement graduel dans la série des êtres.

Ainsi l'enveloppe, considérée comme donnant d'abord la forme générale, puis comme renfermant, comme contenant les instruments, les organes de la sensibilité par une de ses pages et ceux de la locomotilité par l'autre, doit suffire pour traduire le degré d'élévation des organes de la sensibilité elle-même, et par suite celui de ses fonctions médiates et immédiates, de celles dites organiques ou végétales qui font vivre les *substrata* des facultés animales, et enfin le degré de leurs *actes* sur le monde extérieur, c'est-à-dire pour faire juger le degré d'élévation d'un animal ou de son rapprochement de l'espèce humaine.

Car, ainsi que nous avons déjà eu l'occasion de le dire, un animal est un tout, un composé défini d'organes, affectant une forme déterminée, et, dans de certaines limites, agissant, ceux-ci entre eux et celui-là sur le monde extérieur, d'une manière également déterminée pendant un temps qui ne l'est pas moins.

Ainsi, maintenant que nous sommes assuré que tout ce

qui constitue l'animal, c'est-à-dire le degré de son animalité, peut être traduit à l'aide d'une appréciation convenable de sa forme, de son enveloppe et de ses parties extérieures, sensoriales et locomotrices, il ne s'agit plus que de trouver les moyens de lire en la réduisant la série animale comme la machine d'Atwood de nos cabinets de physique, réduit la tour de Florence, en un mot de la transformer en un système qui la représente exactement, quoique réduite, absolument comme le peintre réduit un paysage dans sa *camera lucida*, en lui donnant même plus de vivacité que dans la nature, ou encore mieux, comme un objet est reproduit sur la plaque préparée dans la daguerréotypie.

Ces moyens sont, ainsi que nous l'avons déjà dit, au nombre de quatre, sur chacun desquels nous devons maintenant nous arrêter un moment.

Et d'abord de la *méthode naturelle* qui est le principal et qui joue ici le rôle important de l'analyse mathématique dans la science de l'astronomie ou dans le système du monde, ainsi que M. Auguste Comte l'a parfaitement senti dans sa Philosophie positive.

Dans toute science d'observations ou de faits, il faut nécessairement avoir recours à la méthode pour pouvoir les acquérir, les conserver, les comparer convenablement; mais ici il faut plus : il faut que cette méthode prenne le caractère de ce qu'on a nommé avec raison méthode naturelle, parce qu'ici les faits sont des êtres naturels (1);

(1) C'est ici, plus que dans tout autre science d'observations, que l'on trouve à appliquer cet ingénieux passage de Fontenelle :

« Les faits sont les membres épars d'un corps, qui s'assembleront d'eux-mêmes quand ils seront tels qu'on les souhaite. Plusieurs vérités séparées, dès qu'elles sont en assez grand nombre, offrent si vivement à l'esprit leurs rapports et leur mutuelle dépendance, qu'il semble qu'aet comme son emploi a pour but de traduire la série animale qui est également une chose naturelle et qui, comme la loi de la chute des graves, n'en existerait pas moins quand même nous ne saurions pas encore la lire, on voit comment la seule méthode à employer est la méthode naturelle, qui est bien évidemment l'*ordo rerum anima* de Platon et la *methodus anima scientiæ* de Linné.

Mais qu'est-ce qu'une méthode naturelle dans la classification des êtres en général, et en particulier ici dans la classification des animaux? C'est celle qui repose sur le principe de la subordination des caractères.

Un caractère est, en zoologie, une note différentielle inscrite sur l'être, ici espèce, dont on veut déterminer la position dans une distribution systématique des animaux, et par conséquent dans le système du règne animal, c'est-à-dire en un mot qui indique son degré de rapprochement ou d'éloignement de l'espèce humaine, prise nécessairement pour mesure.

D'où il résulte qu'un caractère peut être aussi bien négatif que positif : ainsi avoir ou n'avoir pas de mamelles, avoir ou n'avoir pas de poils, de plumes, de pieds, d'ailes, d'antennes, d'yeux, de branchies, etc., est tout aussi bien un caractère que d'avoir, par exemple, quatre ou deux ailes, trois ou quatre ou cinq ou six ou sept paires de pieds.

Mais ces caractères positifs ou négatifs peuvent être dans chaque genre de valeur extrêmement différente, suivant l'importance de la partie de l'organe qui les fournit;

---

près avoir été détachées, par une espèce de violence, les unes d'avec les autres, elles cherchent naturellement à se réunir. » (Fontenelle, préface, année 1699.)

et c'est cette estimation, cette appréciation qui détermine la *subordination des caractères.*

Un caractère est considéré comme subordonné à un autre, c'est-à-dire d'une importance moindre que lui, lorsqu'il est tiré d'organes ou de parties moins animales ou moins élevées en animalité que celui-ci ; ce qui est parfaitement d'accord avec le principe qui régit la série animale.

Dès lors on voit dans quel ordre se subordonnent les caractères chez les animaux :

1° Le système nerveux, le véritable zoomètre, comme l'a dit M. Virey, dans sa distinction ou séparation des autres tissus, dans sa forme générale, dans sa position, dans sa disposition, avant tout autre organe et par conséquent la forme générale et la nature de l'enveloppe qui le traduisent.

2° L'appareil sensorial dans ses instruments, dans ses spécialisations et dans l'ordre de leur dégradation; du sens de l'ouïe le plus élevé comme le plus social, au sens du contact le plus grossier.

3° L'appareil de locomotion générale et particulière dans ses différentes parties ; depuis la phonation et la préhension digitale, jusqu'à la translation la plus facile : comprenant intermédiairement les locomotions sensoriale et buccale.

4° L'appareil de la génération, comme empruntant le plus de tous ceux de la vie organique à ceux de la locomotion et de la sensation.

5° L'appareil de la nutrition, et dans cet appareil ceux de la digestion, de la respiration et de la circulation, rangés d'après le même principe du degré d'emprunt aux appareils sensorial et locomoteur, et par conséquent mettant la circulation au dernier rang dans l'ordre de subordination des caractères, comme demandant pour fonctionner le moins possible aux appareils de sensibilité et de locomotilité animale, et comme évidemment la plus végétative et presque inorganique dans l'absorption et l'exhalation, ainsi que nous le montrent les phénomènes de capillarité et d'endosmose.

Ainsi, comme résultat général, la subordination des caractères chez les animaux n'est qu'une déduction du principe de l'animalité : plus une partie, plus un organe est élevé sous ce rapport, et plus les caractères qu'ils fournissent sont importants, plus ils ont de force, plus ils subordonnent ceux qui touchent de plus en plus à la végétabilité ; tout ce qui tient à la classification des animaux se déduit de ce principe convenablement appliqué, c'est-à-dire en distinguant soigneusement les particularités différentielles de véritable dégradation de celles qui tiennent à quelques circonstances biologiques (1).

Mais la connaissance et l'emploi de ce principe ne pourraient pas encore conduire au but que l'on doit se proposer dans l'établissement du système du règne animal envisagé comme un calque, réduit à notre portée, de la série animale, si par un nouveau procédé l'on ne transformait pas en acte ce qu'il ne contenait qu'en puissance ; c'est ce que la science produit à l'aide de la nomenclature qui est de deux sortes, suivant qu'elle a trait aux parties des êtres à classer, ou à ces êtres eux-mêmes et aux divisions à établir dans la série.

L'importance d'une bonne nomenclature n'est pas à faire sentir pour les personnes qui se sont un peu sérieusement occupées de démonstration et d'enseignement, qui

(1) C'est même, pour le dire en passant, parce que ces principes n'ont pas encore été bien sentis par les zoologistes, que la systématisation des animaux éprouve tant de variations presque journalières.

sont toute autre chose que des déclamations et des discours, et il y a longtemps que le bon sens avait fait découvrir les principaux points de cette nomenclature en zoonomie. Il ne sera cependant peut-être pas inutile de dire un mot de cette importance, quand ce ne serait que pour montrer comment notre science a pu sembler n'être aux yeux des gens superficiels qu'une science de mots.

La nomenclature, scientifiquement parlant, est l'art de dénommer rationnellement, c'est-à-dire d'après un principe, les êtres ou les choses qui constituent une science, les parties de ces êtres qui serviront à les comparer, et les divisions qu'il sera nécessaire d'établir dans la série qu'ils forment.

Pour la nomenclature des êtres eux-mêmes, il faut distinguer soigneusement le nom vulgaire du nom scientifique, qui sont deux choses parfaitement différentes, l'un qui ne touche et n'envisage que l'individu, l'autre qui embrasse l'espèce tout entière, seule unité de la série et du système; aussi le premier diffère-t-il dans chaque langue ou au moins dans chaque famille de langues. Mais il n'en est pas de même du second, qui, d'après son but, la science, doit être le même dans la science humaine ou la Philosophie chez tous les hommes; aussi doit-il être emprunté à une langue morte, afin d'avoir une signification qui soit toujours la même, un peu comme les nombres dont les noms varient dans chaque langue, mais qui ont la même signification partout, ce qui est indiqué en leur donnant une figure particulière à chacun d'eux et constamment la même.

Mais ce en quoi le nom scientifique diffère essentiellement du nom vulgaire, c'est que n'étant pas individuel, il ne peut être simple, c'est-à-dire formé d'un seul mot; et qu'il est au contraire, toujours composé d'un mot substantif indiquant le genre, et d'un mot adjectif indiquant l'espèce.

C'est ce qui constitue ce qu'on nomme la nomenclature binaire déjà employée partiellement et à bâtons rompus par les anciens, Grecs et Latins, mais qui n'a été généralisée que depuis la grande réforme linnéenne; et c'est un des services les plus importants que la science a reçus de Linné.

Les règles qui doivent diriger dans le choix de ces deux noms devant indiquer une espèce, c'est-à-dire les unités de la série animale, ont été données par Linné et généralement adoptées, quoique quelques-unes exagérées dans leur rigueur aient dû être notablement modifiées ou même tout à fait abandonnées, et nous n'avons pas besoin de nous y arrêter longtemps. Nous nous bornerons à dire que dans notre manière de voir, c'est-à-dire dans la conception d'un système du règne animal, ces deux noms doivent être significatifs, l'un d'une particularité distincte, l'autre d'une qualité de moindre valeur, mais l'un et l'autre inscrits sur tous les individus adultes qui appartiennent à la même espèce, puisque ce sont ces considérations différentielles qui fournissent les caractères, à l'aide desquels le système est établi et la série rendue lisible.

Mais comme pour montrer et mesurer ces différences, il est essentiel de comparer des parties qui soient réellement similaires, on voit comment il a été de la plus haute importance d'établir ce qu'on nomme la *nomenclature des parties*.

C'est encore à Linné qu'est due l'introduction dans la science des corps naturels de ce procédé d'analyse; quoiqu'il n'en ait peut-être pas lui-même senti toute l'importance, du moins en général, et qu'il n'ait pu l'établir d'une manière complète, sous ce rapport du moins, parce que l'étude de l'organisation elle-même n'était pas suffisamment avancée, alors qu'il publiait son ***Systema naturæ***. Aujourd'hui, que ce qu'on nomme la signification des parties et des organes a été considérablement perfectionnée, et a été poussée jusque dans ses plus grands détails, quelquefois même au delà de ses véritables limites, on voit comment la nomenclature des parties a pu être notablement améliorée, surtout dans ses généralités, où il est nécessaire de comprendre tout ce qui a trait aux quatre types d'organisation et non pas seulement à chacun en particulier, ainsi que cela a été fait jusqu'ici, et comme nous devons également le faire, quand il sera question de chacun d'eux, quelquefois même pour chaque classe à part.

Une autre partie de la nomenclature, ou plutôt de la méthode à l'aide de laquelle la série animale est formulée en système du règne animal, est celle qui expose, en les définissant, les dénominations qui sont données aux divisions que la zooclassie a établies dans l'étendue de cette série : divisions et denominations que l'on peut assez bien comparer à celles des mesures de longueur, avec la différence capitale qu'ici, les unités de conventions étant rigoureusement semblables, il y a une régularité qui ne peut se trouver dans la série animale, ainsi que l'indique la définition que nous en avons donnée.

Les principes propres à diriger cette partie de la méthode doivent être tels, autant que cela est possible du moins, que les divisions et les expressions employées pour les désigner soient invariables, les mêmes dans toute la série, et surtout de même valeur, ce qui n'a malheureusement lieu que fort rarement dans l'état actuel de la science, même pour chaque type, ce qui serait au fait le plus important.

Les divisions généralement adoptées aujourd'hui, susceptibles d'être définies et ainsi d'être nommées sont dans l'univers (*universum*), empire (*imperium*), règne (*regnum*), type (*typus*), classe (*classis*), ordre (*ordo*), tribu (*tribus*), famille (*familia*), et genre (*genus*), en acceptant des divisions intermédiaires à chacune de ces divisions premières et formant ainsi des sous-classes, sous-ordres, etc.

L'EMPIRE (*imperium*) reposant sur la considération de la structure et sur l'existence ou non de la vie, donne lieu à l'empire *inorganique des corps bruts* ou *apsychia*, et à l'empire *organique*, ou susceptible de vie, d'où *psychia* d'Aristote.

Le RÈGNE (*regnum*), dénomination empruntée comme la précédente aux formes de la société humaine, est établi sur le nombre des éléments anatomiques, et sur la circonstance biologique de pousser, de croître ou d'être animé, d'où le règne *végétal* et le règne *animal*.

Dans l'ancienne nomenclature, encore adoptée par beaucoup de monde avec Linné, l'empire inorganique était considéré comme un règne, d'où le règne *minéral*.

On trouve aussi quelquefois avant Linné le *regnum rationale* pour l'espèce humaine, et il nous semble qu'il doit être accepté comme reposant sur une faculté bien plus élevée que la sensibilité, c'est-à-dire sur la rationalité du libre arbitre, et peut-être, mieux encore, sur la moralité.

Le TYPE (*typus*) d'un mot qui signifie forme, figure, repose sur la disposition et la position de l'élément nerveux dont l'existence avait déterminé le règne, et par suite sur la forme générale d'où *amorphozoaires*, *actinozoaires* et *zygozoaires*, *malacozoaires*, *entomozoaires* et *ostéozoaires*, suivant que l'animal est sans forme déterminée, ou qu'elle est rayonnée ou binaire et dans ce cas inarticulée ou articulée extérieurement ou intérieurement.

CLASSE (*classis*), *genus summum*, *genus amplissimum*

des anciens logiciens, dénomination tirée de la logique naturelle reposant nécessairement sur les appareils sensorial ou locomoteur, mais diversement, suivant les types, sur le premier dans sa base, c'est-à-dire dans la peau, d'où *Pilifères*, *Pennifères*, *Scutifères*, *Nudipellifères*, *Squammifères*, pour le type des Ostéozoaires; du second dans les appendices locomoteurs pour les Entomozoaires, d'où les *Hexapodes*, les *Octopodes*, les *Décapodes*, etc., dans la distinction de la tête pour le troisième, d'où les *Céphaliens*. les *Céphalidiens* et les *Acéphaliens*, et enfin dans la particularité du corps en totalité simple ou agrégé, pour les Actinozoaires, d'où les *Cératodermaires*, les *Arachnodermaires*, les *Zoanthaires*, etc.

Ordre (*ordo*), *genus intermedium* des logiciens, et en effet emprunté à la logique ordinaire, fondé en zooclassie sur des particularités secondaires de la partie appendiculaire servant à quelque fonction de locomotion, de translation ou autre; mais différente suivant les classes de chaque type, comme on peut en trouver un exemple manifeste dans celle des Hexapodes du type des Entomozoaires, où la considération des branchies aériennes devenues des ailes a donné lieu aux ordres des *Coléoptères*, des *Orthoptères*, des *Hémiptères*, etc.

Tribu (*tribus*), division d'un ordre, comprenant plusieurs familles, bien plus rarement employée que les autres, peut être seulement dans les Hexapodes et reposant en général sur des particularités tirées de l'appareil locomoteur de la mastication.

Famille (*familia*), division dont la dénomination est empruntée à l'histoire naturelle de l'espèce humaine et qui est établie non-seulement sur l'ensemble des caractères de troisième ordre tirés des organes de la digestion, mais sur des similitudes de mœurs et même de qualités et d'usage; du reste nécessairement variables, dans chaque classe et dans chaque ordre, de nombre et d'étendue.

Genre (*genus*), division qui touche à l'espèce qu'elle renferme immédiatement, dont la dénomination vient des rapports dans la génération et qui repose en effet sur la considération de cet appareil; mais aussi et même le plus souvent sur celle d'organes très-différents, chez la plupart des zoologistes, même généraux, par suite d'absence de principes et du grand nombre d'espèces dans certains points de la série.

Espèce (*species*), *species infima*, constituant les unités de la série, et comprenant par conséquent les individus de sexe, d'âge et de localités différents, dont la dénomination indique aspect semblable, ressemblance presque spéculaire et qui ne repose d'une manière certaine que sur des différences de produits ou d'organes de la génération saisissables seulement par des signes extérieurs ou pavillons, ainsi que sur celles de dégradation sériale, et quelquefois sur le degré d'une particularité biologique.

Le troisième procédé à l'aide duquel l'intelligence humaine peut parvenir à la conception, et surtout à la démonstration de la série animale par suite de sa conversion en un système du règne animal, est celui qui consiste, non plus seulement dans la classification et dans la nomenclature des espèces animales, mais dans leur description scientifique ou systématique, ce qui est fort différent d'une description absolue.

Les naturalistes qui n'ont pas éprouvé le besoin d'un *Systema Naturæ* ou d'un *Systema Animalium*, ont pensé que la description absolue des êtres était préférable à leur description systématique; sans beaucoup réfléchir peut-être, que celle-là porte sur l'individu, ce dont il n'est pas question dans le Système des Animaux, qui ne s'occupe, qui ne comprend réellement que les espèces, abstraction des individus, se continuant dans le temps et dans l'espace. Ainsi donc, il est évident que, dans le but scientifique, c'est l'espèce qui doit être caractérisée; ce qui ne peut avoir lieu que par sa position convenable dans la série, par la détermination préalable de la raison de la partie de la série à laquelle elle appartient, et ensuite par une description qui devient ainsi presque supplémentaire et comparative avec les deux espèces voisines. C'est ce qu'on nomme en général phrase caractéristique, phrase linnéenne, qui, j'en conviens, a pu être souvent fort insuffisante dans la plupart des zoologistes qui sont descendus jusqu'aux espèces; parce que l'ordre qu'ils donnaient à celles-ci n'était pas rationnel et n'était déterminé que par des considérations de taille ou de patrie, mais qui, dans un véritable système du règne animal, devant traduire la série animale jusque dans ses points les plus rapprochés, devient évidemment non-seulement suffisante, mais bien préférable à une description absolue, d'abord parce que, outre sa brièveté, elle montre au doigt ce qu'il faut voir, sans confusion pour connaître l'espèce préalablement placée; et ensuite parce qu'elle fait abstraction de l'individu.

Ajoutons que, par ce procédé, les énormes volumes qu'il faudrait pour contenir la description du nombre immense d'espèces déjà connues, seront considérablement réduits, et par conséquent abordables à tout le monde; et que le petit problème de la reconnaissance et de la dénomination d'une espèce d'animal sera considérablement facilité, et se rapprochera, autant que les bornes de notre esprit le permettent, des noms imposés par Adam, sous l'inspiration de Dieu, à tous les êtres créés.

Enfin, le quatrième et dernier moyen employé dans

l'établissement du système du règne animal est le plus matériel, le moins intellectuel de tous, peut-être cependant plutôt en apparence qu'en réalité, puisqu'il consiste dans l'iconographie, qui, de même que la description scientifique dont il vient d'être question, n'est pas et ne doit pas être une suite de portraits, ce qui toucherait également aux individus. Cependant ce moyen n'est pas non plus sans importance, lorsqu'il est envisagé comme il le doit être.

Dans le genre de dessins qui conviennent au but que l'on se propose lorsqu'il embrasse l'animal entier, il doit être rigoureusement géométrique, sans aucun raccourci, qui empêcherait de pouvoir compter le nombre des parties et d'en mesurer exactement les formes et les proportions. Dès lors il doit être répété au moins sous les trois faces nécessaires, pour que le solide du corps soit représenté à peu de chose près complétement.

Il doit en être de même des parties ou des appendices pris en particulier. Le point de vue doit également être géométrique dans un même plan, autant que cela se peut et pour les mêmes raisons.

Le système de coloration doit être plus étudié que la couleur elle-même dont la teinte et l'intensité varient si prodigieusement suivant l'âge et les localités.

Dès lors on voit comment il est possible de réduire considérablement le nombre des dessins nécessaires à la compréhension du système, en les bornant à la représentation d'une espèce dans chaque genre, et même dans chaque famille, espèce convenablement choisie, et, comme il vient d'être dit, convenablement développée dans toutes ses parties. Après quoi, prenant à part celle sur laquelle repose la série des espèces du genre, il sera facile d'en faire connaître les nuances différentielles et de les montrer aux yeux dans toute leur évidence et de la manière la plus simple. Ainsi, par exemple pour la famille des Singes à sternum étroit de l'ancien continent, la délinéation exacte de la dernière molaire aux deux mâchoires; celle de la même molaire, ou mieux encore du pouce antérieur dans les Singes du nouveau continent, suffira pour faire sentir l'ordre et la différence graduelle des espèces; de même celle de la première penne de l'aile dans le genre *Turdus* L.; celle de l'écaille qui borde l'orifice nasal ou oculaire dans les Couleuvres, celle du lophioderme dorsal dans les Spares; celle des derniers articles des antennes dans les Scarabées, celle de la nageoire des Calmars, des dents de la charnière dans les Cardiums ou les Venus; des ramifications des arbuscules de la bouche dans les Holothuries.

C'est à l'aide de ces principes et de ces moyens logiques. convenablement appropriés au sujet et au but que nous nous proposons, et constituant ce que M. de Lamarck a nommé les parties de l'art, mais qui ne sont nullement arbitraires, comme on le pense trop généralement et peut-être un peu M. de Lamarck lui-même, qu'il serait possible d'exposer le système du règne Animal. Mais, comme l'ouvrage à la tête duquel nous avons cru devoir placer cette introduction doit se borner au type des Animaux Mollusques, nous allons nous borner à donner seulement le plan de notre système du règne Animal, afin de montrer la place que nous assignons à cette partie de la série d'après les principes que nous avons exposés plus haut, et dont nous indiquerons bientôt les modifications nécessitées par le degré d'organisation des animaux de ce type.

D'après la considération de l'existence ou de l'absence du système nerveux, et de la fibre musculaire, ce qui concorde avec une forme déterminée dans un cas et indéterminée dans l'autre, nous voyons la série animale se partager en deux parties ou sous-règnes, dont le dernier est désigné par une dénomination qui indique cette particularité, tandis que la première, infiniment plus étendue par le très-grand nombre d'espèces qu'elle renferme, est partagée en quatre parties plus ou moins inégales par la considération que la dernière a son système nerveux disposé circulairement, et par conséquent sa forme générale rayonnée, c'est-à-dire dont les parties sont disposées autour d'un centre, tandis que les trois autres offrent le système nerveux binaire, et la forme du corps paire ou symétrique en lui-même, ou dans ses appendices, quand il en existe.

Prenant ensuite pour ces trois parties en considération la position de ce système nerveux dans une de ses grandes portions, restée sur les côtés, ou passée au-dessous ou au-dessus de l'axe du corps; on obtient leur caractéristique traduite par l'enveloppe molle ou bien articulée extérieurement, ou enfin articulée intérieurement.

C'est à ces divisions premières, et portant sur le système nerveux ou animal et son enveloppe la plus superficielle, que j'ai donné le nom de Type sous les dénominations systématiques et significatives, tirées de cette forme, d'*Amorphozoaires*, d'*Actinozoaires*, de *Malacozoaires*, d'*Entomozoaires* et d'*Ostéozoaires*, en montant des inférieurs aux supérieurs.

Dans chacun de ces types, la considération d'une particularité du tronc en totalité dans le premier, ou seulement de sa division céphalique dans le second, de ses appendices locomoteurs dans le troisième, et enfin d'une particularité sensoriale de l'enveloppe dans le quatrième, le plus élevé, donne lieu à l'établissement :

De deux classes dans le Type des Amorphozoaires, celles des *Thétides* et des *Spongides*.

De cinq classes dans le Type des Actinozoaires, celles des *Polypiaires*, des *Zoophytaires*, des *Zoanthaires*, des *Arachnodermaires*, des *Polycerodermaires*.

De trois classes dans le Type des Malacozoaires, celles des *Acéphaliens*, des *Céphalidiens* et des *Céphaliens*.

De dix dans le Type des Entomozoaires, celles des *Apodes*, des *Chétopodes*, des *Sternopodes*, des *Malacopodes*, des *Myriapodes*, des *Tétradécapodes*, des *Hétéropodes*, des *Décapodes*, des *Octopodes* et des *Hexapodes*.

De cinq dans le plus élevé, celui des Ostéozoaires, celle des *Squammifères*, des *Nudipellifères*, des *Scutifères*, des *Pennifères* et des *Pilifères*, qui touchent immédiatement à l'espèce humaine.

On peut aussi trouver à partager un certain nombre de ces classes en sous-classes par la considération de la même partie qui a servi à distinguer la classe : ainsi dans celle des Acéphaliens du type des Malacozoaires, les sous-classes des *Brachiobranches*, *Lamellibranches*, *Hétérobranches*, etc.; dans celle des Hétéropodes du Type des Entomozoaires, les *Uncipodes* ou *Épizoaires*, les *Nématopodes*, les *Branchiopodes*, les *Stomatopodes*, les *Phyllopodes*, etc.

Dans celle des Squammifères ou Poissons, les *Dermodontes* et les *Gnathodontes*.

Dans celle des Pilifères ou Mammifères, les *Ornithodelphes*, les *Didelphes* et les *Monodelphes*.

C'est ainsi que l'on obtient le tableau suivant, que nous nous bornons à exposer, devant prendre maintenant en particulier, en le développant dans son entier, le Type des Malacozoaires, dont nous nous sommes plus spécialement occupé depuis longtemps et qui offre en ce moment le plus d'intérêt à cause de son application à la géologie, et de l'abus extraordinaire qui en a été fait par certains géologues palæontologistes.

TABLEAU GÉNÉRAL DU SYSTÈME DE LA SÉRIE ANIMALE.

Sous-règnes. — Types. — Classes. — Sous-classes.

ANIMAUX

- I. ZYGOMORPHES ou *Binaires*.
  - I. *Vertébrés* ou OSTÉOZOAIRES.
    - PILIFÈRES (Mammifères)
      - *Monodelphes.*
      - *Didelphes.*
      - *Ornithodelphes.*
    - PENNIFÈRES (Oiseaux).
    - PTÉRODACTYLES.
    - SCUTIFÈRES (Reptiles).
    - ICHTHYOSAURES.
    - NUDIPELLIFÈRES (Amphibiens).
    - BRANCHIFÈRES (Poissons)
      - *Gnathodontes* (Osseux).
      - *Dermodontes* (Cartilagineux).
  - II. *Articulés* ou ENTOMOZOAIRES.
    - HEXAPODES.
    - OCTOPODES.
    - DÉCAPODES.
      - *Acères.*
      - *Tétracères.*
    - HÉTÉROPODES.
      - *Stomatopodes.*
      - *Branchiopodes.*
      - *Dendropodes.*
      - *Nematopodes* (Lepas).
      - *Monopsides.*
      - *Brachionides.*
      - *Onchopodes* (Lernæ).
    - TÉTRADÉCAPODES.
    - MYRIAPODES.
    - CHÉTOPODES.
    - STERNOPODES (Oscabrions).
    - MALACOPODES.
    - APODES.
      - *Dioïques.*
      - *Monoïques.*
      - *Unisexiés.*
  - III. *Inarticulés* ou MALACOZOAIRES.
    - CÉPHALÉS.
    - CÉPHALIDÉS.
      - *Dioïques.*
      - *Monoïques.*
      - *Unisexiés.*
    - ACÉPHALÉS.
      - *Brachiobranches.*
      - *Lamellibranches.*
      - *Hétérobranches.*
      - *Rhizobranches.*
      - *Ciliobranches.*
      - *Cérobranches.*
- II. ACTINOMORPHES ou *Radiaires*.
  - CÉRODERMAIRES.
  - ARACHNODERMAIRES.
  - ZOANTHAIRES.
    - *Mous.*
    - *Coriaces.*
    - *Calcaires.*
  - POLYPIAIRES.
  - ZOOPHYTAIRES.
- III. HÉTÉROMORPHES.
  - SPONGIAIRES.

www.ingramcontent.com/pod-product-compliance
Ingram Content Group UK Ltd.
Pitfield, Milton Keynes, MK11 3LW, UK
UKHW020955180726
13838UKWH00003B/1341